처음 떠나는 **양자역학** 여행

처음 떠나는 양자역학 여행

$$\Delta_E = \Delta_m \cdot c^2$$

스태판 다스콜리, 아드리앙 부스칼 지음

손윤지 옮김

원자를 쪼개고 걸러내며 발견한 10가지 양자 기술

 북스힐

차례

CHAPTER 3 우주 이해하기 —————————————————— 48

CHAPTER 4 무한히 작은 것 탐색하기 ————————————— 66

CHAPTER
7 그림자보다 빠르게 계산하기 ································ 124

"모든 과학의 첫 번째 가설이자 모든 학자에게 반드시 필요한 아이디어가 무엇일까요? 바로 우리가 이 세계에 대해서 잘 알고 있지 못하다는 것입니다. 예, 바로 그렇습니다. 우리는 종종 그 반대라고 생각하지만요. 모든 것이 명확해 보이는 순간이 있습니다. 모든 것이 완벽하고, 아무 문제가 없는 그런 순간들이요. 그 순간에 과학은 더 이상 존재하지 않습니다. 아니, 어쩌면 과학이 완성되었는지도 모르죠. 그러나 그 외의 순간에는 모든 것이 불명확합니다. 오직 결점, 신념에 바탕을 둔 행위, 불확실성만이 있을 뿐이죠. 이러한 순간에 우리가 볼 수 있는 것은 오직 단편들과 환원할 수 없는 물체들뿐입니다."

폴 발레리 Paul Valéry, 〈대화, 또는 테스트 씨에 대한 새로운 단상〉 중에서

여행에 앞서

우라늄 단 몇 그램만을 연소해 대서양을 횡단하고, 저 먼 우주 반대편에 있는 블랙홀에서 전해진 소리를 감지하고, 머리카락보다 얇은 도로 위에서 자동차 경주가 열리고, 바퀴의 온도를 섭씨 영하 170도 아래로 떨어뜨려 열차를 선로 위로 부상시키고…….

유익하고 놀라운 이러한 업적들에는 한 가지 공통점이 있다. 한 세기 동안 과학 기술의 금광 역할을 해 온 난해한 이론, 바로 양자 물리학(양자역학)의 결실이라는 것이다. 양자 물리학이 없었다면 오늘날 그 흔한 전화나 GPS도, 컴퓨터나 인터넷도, 심지어는 DVD플레이어조차 존재하지 못했을 것이다. 원자력 발전소는 물론이거니와 MRI 촬영, 태양열 패널, LED 전구도 탄생하지 못했을지 모른다.

그러나 금광은 쉽게 고갈되지 않는다. 양자 컴퓨터의 발전은 인공 지능과 더불어 21세기의 주요 과학 기술 이슈 중 하나다. 이보다 덜 알려졌지만 전도유망한 다른 기술들도 최근 20년 동안 '제2의 양자 혁명'이라 불리며 등장했고, 그중 첫 번째 기술은 지난 세기 초부터 이론화되기 시작했다. 그러나 대중에게 양자 물리학은 그저 모호하고 현실과 동떨어진 신비한 이론이라는 인상이 강하다. 이러한 인식은 할리우드에서 자신의 양성자와 '연결'할 수 있는 최면 기술이나 운명의 짝을 찾을 수 있는 혁신적인 방법 등과 같은 기상천외한 시나리오들을 탄생시켰다.

이번 여행의 목적은 양자 물리학을 더 쉽게 이해할 수 있도록 기본 개념을 명확하게 설명하는 것이다. 전체 역사를 되짚어 보는 것을 목표로 하지는 않을 것이다. 지루하기 때문이 아니다. 오히려 전체 역사는 젊은 주인공들이 대담함과 천재성으로 경쟁하는 스릴 넘치는 서사시다. 다만 이 책에서는 사실들에 좀 더 직접적으로 접근해서, 그토록 혼란스럽고 때때로 환상적이기도 한 개념들로 이루어진 이론이 놀랍도록 구체적인 표상을 가질 수 있다는 점을 보여 주고자 한다.

각 장은 양자 물리학이 만들어 낸 기술적 혁신에서 출발해 기발한 일화들, 학문적 논쟁, 일상에서의 응용 등을 번갈아 다루며 이론적 개념을 소개한다.

또 다른 목표는 이 책을 읽는 독자에게 방정식 없이도 과학 이론의 기초를 깊이 이해할 수 있다는 점을 알려 주는 것이다. 수학이라는 탄탄한 배경을 넘어 원자의 세계로 떠나는 이 여행은 낯설고, 놀랍고, 터무니없는 자극을 선사할 것이다.

즐거운 독서, 아니, 즐거운 여행이 되기를 바라며!

01

원자 쪼개기

원자를 쪼갤 수 있다고? 이 문장은 그 자체로 모순되는 것 같다. 원자를 의미하는 프랑스어 단어 'atome'은 그리스어 'atomos'에서 유래했다. '쪼개다, 자르다'는 뜻인 'tomos'에 반대의 의미를 나타내는 접두사 'a'가 붙은 atomos는 '더 이상 쪼갤 수 없는 것'을 뜻한다. 왜 이런 이름이 붙었을까? 원자가 쪼개질 수 있다는 것을 알기 전에, 심지어 원자의 존재가 증명되기 훨씬 전에 고안된 개념이기 때문이다. 마치 레고 세트처럼, 물질이 더 이상 쪼개지지 않는 작은 물질들로 구성되어 있을 것이라고 최초로 주장한 사람은 그리스의 철학자 데모크리토스Democritos였다.

20세기 들어 물질을 구성하는 원자가 입증되면서 양자 물리학이 시작되었다. 양자 물리학의 발전은 원자를 쪼개 원자력 발전소에 전력을 공급하고, 보이지 않는 것을 보고, 건널 수 없는 것을 건너고, 측정할 수 없는 것을 측정할 수 있게 하였다. 이번 여행을 통해 이 과정들을 확인할 수 있을 것이다. 너무 빠르지 않게. 매혹적인 원자의 세계로 천천히 스며들어 보자.

원자를 찾아서

멕시코에서는 생일날 종이로 만든 전통 인형 피냐타를 높이 매달아 그것을 부서뜨린다. 아이들은 막대기를 들고 피냐타 안에 가득 찬 사탕을 꺼낼 때까지 매달린 종이 인형을 마구 때린다. 온 방향에서 날아드는 막대기에 흔들리는 피냐타는 힘이 가해지는 방향에 따라 무작위적으로 움직인다. 수면 위에 떨어진 작은 먼지 입자도 마찬가지다. 피냐타를 두드리는 막대기 같은 것은 없지만, 먼지 입자에 부딪히는 입자들 때문이다.

1909년 프랑스 물리학자 장 페랭Jean Perrin은 이 먼지의 움직임을 관찰해 액체가 서로 미끄러지는 작은 입자, 즉 분자로 구성되어 있음을 증명했다. 동시에 그는 물질의 본질에 대한 오랜 논쟁에 종지부를 찍었다. 물질은 매끄러운 한 덩어리가 아니라 분자로 구성되어

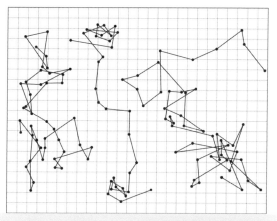

지름이 1마이크로미터인 세 입자의 무작위적인 움직임.
출처: 장 페랭, 《브라운 운동과 분자의 실재》(1909)

있으며, 분자 역시 서로 연결된 원자들로 구성되어 있다는 것이다.

데모크리토스의 선견지명 이후 최초로 원자의 존재를 입증하기까지 2000년의 시간이 소요된 이유는 바로 그 크기 때문이었다. 원자는 육안이나 현미경으로도 관찰할 수 없을 만큼 크기가 매우 작다. 장 페랭 또한 이토록 작은 원자들이 먼지 입자에 미치는 영향을 통해 간접적으로 '볼' 수 있었을 뿐이다.

무한과 그 너머를 향해

양자 세계를 탐험하려면 이 세계에 수반하는 물질의 크기를 이해해야 한다. 때때로 양자 물리학은 '무한히 작은 것'을 설명한다고 소개된다. 그러나 물질은 분명 매우 작지만 0은 아닌 일정한 크기를 가진 원자들로 구성되어 있어 매끄럽지 않기 때문에, 이러한 소개는 잘못된 표현으로 볼 수 있다. 양자 물리학은 또한 '미시 세계의 물리학'으로도 불린다. 이 역시 부정확한 표현이다. 미시 세계는 생물학에서 흔히 볼 수 있는 척도인 마이크로미터(100만 분의 1미터)의 세계로, 현미경으로 관찰할 수 있다. 인간의 머리카락 두께도 수십 마이크로미터이며, 세포의 크기 역시 마찬가지다.

양자 세계는 이보다 훨씬 작다. 이 세계는 마이크로미터보다 1000배 더 작은 나노미터 크기인 원자 규모에서 시작해, 100만 배 더 작은 펨토미터 크기의 양성자 규모로 확장된다.

데모크리토스의 물잔

원자의 크기에 대한 놀라운 사실 하나를 알아보자. 오늘날 우리가 마시는 물 한 잔에는 2000년 전 데모크리토스가 마셨던 몇백만 개의 물 분자가 담겨 있다. 믿지 못하겠는가? 한번 계산해 보자. 103세까지 살았던 데모크리토스는 일생 동안 대략 100만 잔의 물을 마셨을 것이다. 지구상에 있는 물의 10^{18}분의 1에 해당하는 양이다.

2000년 전에 데모크리토스가 마신 물 분자는 기후 변화 주기에 따라 전 세계에 균일하게 분포되어 왔다. 따라서 오늘날 우리가 마시는 각각의 물 잔은 데모크리토스의 물 분자를 최소 10^{18}분의 1개까지 포함하고 있다고 추정할 수 있다. 물 한 잔에는 약 10^{24}개의 물 분자가 포함되어 있으니, 통계적으로 추산해 보면 원자의 아버지가 마셨던 물 분자 100만 개를 포함할 수 있다!

실제로 이 크기가 어느 정도인지 구체적으로 예를 들어 보자. 수소 원자(H) 두 개와 산소 원자(O) 한 개로 구성되어 H_2O로 표기되는 물 분자는 1나노미터 정도다. 그럼 물 한 잔을 채우려면 물 분자가 얼마나 필요할까? 약 10^{24}, 즉 1,000,000,000,000,000,000,000,000개다. 얼마나 큰 수치인지 가늠하기가 어렵다면 이렇게 생각해 보자. 이는 태평양을 채울 수 있는 물잔의 수와 동일하다! 물 잔은 지구상에서 가장 작은 물질과 가장 큰 물질의 중간 지점에 있는 셈이다.

속이 빈 원자

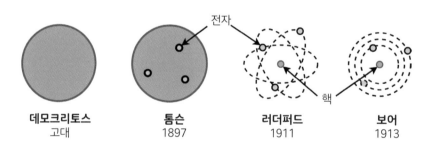

| 데모크리토스 | 톰슨 | 러더퍼드 | 보어 |
| 고대 | 1897 | 1911 | 1913 |

물리학 수업에서 원자는 일반적으로 **양성자**와 **중성자**로 이루어진 핵과 그 주위를 둘러싼 **전자**로 간단히 표현된다. 그러나 오늘날 실제 원자는 이와 거리가 멀다는 점이 분명해졌다. 원자의 이러한 이미지를 해체하는 일은 양자 물리학의 주요 과제 중 하나였다. 원자가 실제로 어떻게 생겼는지 살펴보기 전에, 잘못된 원자 표현부터

철저히 분석해 보도록 하자.

19쪽의 그림에서 사실인 부분은 원자가 더 작은 크기의 다른 입자들로 구성되어 있는 한 기본 입자가 아니라는 점이다. 19세기 말 영국의 물리학자 조지프 존 톰슨Joseph John Thomson은 원자에서 작은 입자, 즉 전자를 떼어 내는 데 성공함으로써 이를 확인했다. 이후 톰슨은 플럼 푸딩[1]이라고 불리는, 전자가 떠다니는 일종의 조밀하지 않은 빵 조각 같은 원자 모습을 상상했다.

1909년, 톰슨의 제자였던 어니스트 러더퍼드Ernest Rutherford는 매우 얇은 금박에 방사성 입자를 쏘는 실험을 통해 고밀도의 핵 주위에 실제로 전자가 있다는 사실을 증명했다. 방사성 입자가 금박에 닿아 튀어 오르는 모습을 관찰한 러더퍼드는 놀랐다. 톰슨의 플럼 푸딩 모델에 따르면 방사성 입자는 총탄처럼 편향되지 않고 통과해야 했기 때문이다. 원자의 중심에 매우 작고 단단한 핵이 존재해야만 러더퍼드의 실험에서 나타난 현상을 설명할 수 있었다.

얼마나 작을까? 잘 기억하자. 원자핵이 구슬 크기라고 가정한다면, 전자는 몇 킬로미터 떨어진 궤도에 있을 것이다. 원자의 나머지 부분, 그러니까 부피의 99.99퍼센트 이상은 진공 상태다. 에펠탑을 떠올려 보자. 에펠탑을 이루는 원자의 빈 공간을 모두 제거하면 탑은 아주 작은 술잔에 들어갈 정도로 작아진다. 그러나 에펠탑을 구성하는 물질에 이 정도로 빈 공간이 많다면 어떻게 땅 위에 우뚝 서

---

[1] 다양한 건과일을 넣고 찐 영국의 전통 크리스마스용 푸딩.

있을 수 있을까? 자, 조금만 참아 보자. 양자 물리학이 답을 줄 것이다.

원자의 '표준' 모형을 완성하기 위해 전자가 음전하를 띤다는 점을 분명히 하도록 하자. 원자가 전기적으로 중성을 나타내는 이유는 전자의 음전하가 핵에 위치한 양성자의 양전하에 의해 상쇄되기 때문이다. 그런데 반대 전하 사이에서는 서로 끌어당기는 전기력이 작용하므로, 핵은 마치 태양이 지구를 끌어당기듯 전자를 끌어당기는 경향을 보인다. 따라서 행성이 태양 주위를 돌듯 전자 역시 핵 주위를 '회전한다'는 발상은 꽤나 매력적이다. 이것이 바로 1911년 러더퍼드가 주장한 원자의 모습이다. 원자라는 미시 우주와 태양계라는 거시 우주의 모습이 조화를 이룬다니, 이보다 매혹적인 아이디어가 있을까?

 속 양자 물리학

마블Marvel사의 블록버스터 시리즈 〈앤트맨〉의 주인공은 특수 제작한 슈트를 입으면 몸집이 줄어든다. 보통은 개미나 먼지 크기만큼 줄어들지만, 불가항력적으로 '아원자' 세계로 빨려 들어가 위험에 처하기도 한다. 이때 관객은 세포에서 분자로, 분자에서 원자로 주인공의 크기가 연속적으로 줄어드는 모습을 볼 수 있다. 물질의 빈 공간은 나노 단위의 세계를 시각적으로 근사하게 구현하기 위한 특수 효과를 발휘하기에 꽤나 적절했을 것이다.

궤도에서 오비탈로

러더퍼드의 행성 모형은 빠르게 한계를 드러냈다. 무엇보다 움직이는 하전 입자가 빛을 방출한다는 전자기학의 이론과 양립할 수 없다는 비판을 받았다. 전자기학에 따르면 빛을 방출하며 움직이는 전자는 점차 에너지를 잃어 결국 핵에 부딪힐 것이다. 만약 원자가 이렇게 만들어졌다면 오늘날 이에 대해 논의할 일도 없었을 것이다.

이후 실험 결과에 따르면 전자의 운동 에너지는 가능한 모든 에너지 값이 아니라 몇 가지 매우 정확한 값만 가질 수 있었다. 어떤 차가 시속 30킬로미터 또는 시속 50킬로미터로만 달리고 시속 40킬로미터나 시속 60킬로미터로는 달릴 수 없는 것과 마찬가지다. 덴마크 물리학자 닐스 보어Niels Bohr는 앞으로 자세히 살펴볼 이 현상으로부터 원자 내부를 설명할 수 있는 새로운 행성 모형을 제시했다. 태양(원자핵) 주위에는 특정 궤도만 허용되고, 행성(전자)들은 알 수 없는 방법으로 한 궤도에서 다른 궤도로 도약한다는 주장이었다.

이후의 새로운 발견들로 인해 물리학자들은 잘 국소화된 전자라는 개념을 거부하게 되었다. 우리는 궤도를 따라 움직이는 행성이 아니라 원자핵 주위를 떠다니는 일종의 풍선을 상상해야 한다. 이 풍선에는 **오비탈**orbital이라는 이름이 붙었다. 사실상 학자들이 버리려 한 행성 모형을 묵인하는 셈이었다. 우리가 전자의 위치를 파악하려고 할 때, 전자는 오비탈 내부의 임의 지점에서 구체화된다.

따라서 오비탈은 전자가 발견될 수 있는 장소의 범위를 말한다. 즉 전자의 위치를 측정할 때 특정 지점으로 수렴하는 존재의 영역이다. 이 신비한 성질은 사실 전자에만 국한되지 않는다. 나중에 보게 되겠지만 이 성질은 모든 양자 물질에 내재되어 있다.

자, 맛보기는 여기서 마치고 전자가 숨어 있는 풍선은 어떻게 생겼는지 살펴보자. 여기 각기 다른 모습의 오비탈 6개가 있다. 이 오비탈들은 박람회장 위에 떠 있는 헬륨 풍선들처럼 원자핵 주위에 서로 군집해 있어야 한다.

한 개의 전자만을 갖는 수소 원자는 23쪽 왼쪽 위 그림처럼 단순한 구球처럼 보인다. 우라늄처럼 부피가 큰 원자들은 100여 개의 전자를 갖고 있기 때문에 그림으로 표현하기가 쉽지 않다! 그렇지만 양자 이론 덕분에 우리는 이러한 원자들의 오비탈을 매우 정확하게 계산해 낼 수 있다.

숨겨진 에너지

원자는 기본 입자가 아니기 때문에 쪼개질 수 있을 뿐더러, 사실 매우 쉽게 쪼갤 수 있다. 예를 들어 전자들을 원자에서 떼어 내기만 하면 된다. 아주 간단한 실험을 통해 당신도 직접 원자를 쪼갤 수 있다. 풍선을 불어 머리카락에 문질러 보자. 풍선은 머리카락에 붙어 있는 전자들, 즉 음전하를 떼어 낼 것이다. 소량의 양전하만이 남은 각각의 머리카락은 서로를 밀어내며 꼿꼿이 일어서고, 반대로 음전하만이 남은 풍선은 양전하에 이끌려 벽에 달라붙는다.

재미있는 실험이지만 이와 같은 방식으로 원자를 쪼개는 것에는 그다지 의미가 없다. 앞서 '원자 쪼개기'에 대해 이야기할 때 원자력 발전소를 언급한 바 있다. 원자에서 에너지를 추출하기 위해서는 양성자와 중성자의 작은 집합체, 바로 원자핵 그 자체가 성공적으로 쪼개져야 한다. 이때 발생하는 에너지가 라틴어로 '핵'을 뜻하는 'nucleus'에서 유래한 '핵에너지nuclear energy'다.

핵에너지가 제안된 초기에는 당대 가장 유능한 원자 물리학 전문가들도 이를 접근하기 어려운 발상으로 여겼다. 원자의 아버지 중 한 명인 러더퍼드는 1933년에 핵에너지를 추출하려는 물리학자들을 돌팔이로 치부하기도 했다. 그는 10년 뒤 핵에너지가 히로시마 원자폭탄 투하로 이어지리라고는 상상조차 할 수 없었다.

왜 핵을 분열시키면 에너지가 방출될까? 과학 역사상 가장 유명하면서도 가장 이해하기 어려운 공식인 $E = mc^2$이 등장할 차례다.

1905년 '기적의 해$annus\ mirabilis$'에 독일 물리학자 알베르트 아인슈타인$Albert\ Einstein$이 홀로 만든 이 위대한 공식에는 무엇이 숨겨져 있을까?

물체의 질량인 m은 물체가 갖는 에너지의 양 E에 비례한다. 예를 들어 건전지가 방전되면 무게가 가벼워지는 이유는 에너지를 잃었기 때문이다. 비례 상수 c^2은 빛의 속도를 제곱한 것으로 값이 매우 크다. 따라서 사과 200그램에는 프랑스의 일일 에너지 소비량에 버금가는 에너지가 포함되어 있다!

그렇다면 우리는 왜 사과를 먹었을 때 약간의 칼로리만을 얻을까? 대답은 간단하다. 우리의 장이 이 모든 에너지를 뽑아내지 못하기 때문이다. 원자력 발전소도 마찬가지로 우라늄 질량의 단 1퍼센트 미만을 에너지로 전환할 뿐이다. 그렇다면 이 에너지는 대체 어디에 숨어 있고, 어째서 이토록 추출하기가 어려울까?

원자핵 제거하기

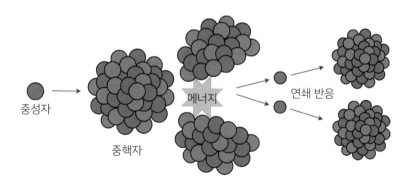

중성자

중핵자

에너지

연쇄 반응

우리는 종종 물체의 질량은 물체를 구성하는 모든 요소의 질량의 합이라고 생각한다. 우리가 살고 있는 현실 규모에서는 그렇다. 사탕 한 봉지의 질량은(봉지의 질량은 제외하고) 그 안에 들어 있는 사탕 각각의 질량을 합한 값과 같다.

그러나 원자 세계에서는 그렇게 간단하지 않다. 초정밀 저울을 사용해서 92개의 양성자와 146개의 중성자로 구성된 사탕 봉지와 같은 우라늄-238의 질량을 잰다고 생각해 보자. 그러고 나서 이 핵을 다시 두 개의 작은 핵으로 나눠 각각의 무게를 잰다면 어떻게 될까? 아마 당신은 줄어든 총 질량 값에 깜짝 놀랄 것이다! 이 차이를 어떻게 설명할 수 있을까?

우리 세계에서 질량은 물체의 본질적인 특성이다. 즉 사탕을 둘러싼 세계의 상태와 관계없이 사탕은 항상 동일한 질량을 갖는다. 그러나 양자 세계에서 입자는 독립된 실체로 간주될 수 없기 때문에 입자의 성질, 특히 질량은 입자들의 상호 작용에 따라 달라진다. 따라서 양성자는 독립적으로 존재할 때와 다른 모든 양성자 및 중성자와 상호 작용하면서 원자핵의 중심에 있을 때 동일한 질량을 갖지 않는다. 마찬가지로 우라늄 핵은 하나의 덩어리일 때와 두 개로 쪼갰을 때 그 질량이 동일하지 않다.

핵분열은 앞의 그림에서 본 것처럼 중성자를 우라늄 원자에 충돌시켜 두 개의 작은 핵으로 쪼개는 것을 의미한다. 그 질량 값의 차이는 $E = mc^2$ 공식에 따라 에너지 형태로 방출된다. 방출된 에너지의 규모는 어마어마하다. 히로시마 원자폭탄 투하 당시 사용된 우라늄은 채 1킬로그램도 되지 않았지만, 이는 제2차 세계대전 당시 가장 흔히 사용된 폭발물인 TNT 1만5000톤에 해당하는 위력을 발휘했다.

양성자 쪼개기

원자는 전자, 양성자, 중성자로 이루어져 있다. 모두 기본 입자일까? 전자는 기본 입자이지만 양성자와 중성자는 그렇지 않다. 따라서 기본 입자가 아닌 양성자와 중성자는 원자처럼 쪼개져 구성 요소인 쿼크를 드러낼 수 있다.

이를 위해서는 원자력 발전소만으로는 부족하다. 양성자와 중성자를 빛의 속도에 가깝게 매우 빠르게 가속시켜 입자들을 충돌시킬 수 있는 거대한 장치인 입자가속기가 필요하다. 가장 잘 알려진 입자가속기는 스위스 제네바의 세른CERN[2]에 있는 대형 강입자 충돌 장치Large Hardron Collider, LHC이다. LHC의 목적은 에너지 생산이 아니라 입자들이 충돌하며 발생하는 잔해를 분석하는 것이다. 잔해에서는 쿼크뿐만 아니라 오랜 시간 입자 물리학에서 입증하지 못했으나 2012년 마침내 발견한 힉스 보손과 같은 또 다른 입자들이 관찰된다.

별들의 연금술

핵분열은 우리가 알고 있는 다른 에너지 추출 방법과는 비교할 수 없을 정도로 엄청난 고효율로 에너지를 생산한다. 우라늄 1킬로그

---

[2] 유럽 원자력 연구 기구Conseil Européen pour la Recherche Nucléaire의 약자.

램을 쪼개면 석탄 1킬로그램을 연소할 때보다 수백만 배 더 많은 에너지를 방출하며, 이산화탄소 가스를 대기로 방출하지 않는다는 큰 장점도 있다. 원자력 발전소에서 뿜어내는 하얀 연기는 수증기일 뿐이다.

그렇다고 원자력 발전소에 위험성이 없는 것은 아니다. 우선 핵분열은 미세한 균형을 기반으로 한다. 핵은 중성자와 충돌해 쪼개질 때 새로운 중성자를 방출하는데, 방출된 중성자는 다른 원자를 쪼개며 연쇄 반응을 일으킬 수 있다(25쪽 그림 참조). 핵분열은 이렇게 자동적으로 계속될 수 있기 때문에 1986년 체르노빌 원전 폭발 사건과 같은 비극을 피하기 위해서는 과열로 원자로가 파괴되지 않도록 철저한 통제가 이뤄져야만 한다.

더군다나 핵분열은 충분히 크고 불안정하여 쉽게 쪼개질 수 있는 원자를 대상으로 한다. 이 핵들은 방사성 물질이어서 에너지가 매우 크고 유해한 감마선을 방출하여 자발적으로 분열될 수 있다. 분열 이후에는 더 작지만 여전히 방사성을 띄는 새로운 핵 두 개가 생성되는데, 이것이 수백만 년 동안 방사성을 유지할 수 있어 상당한 유려를 야기하는 그 유명한 핵폐기물이다.

이 두 가지 단점을 보완할 수 있는 한 가지 대안이 바로 핵융합이다. 29쪽 그림과 같이 크기가 작고 불안정한 두 개의 핵(중수소와 삼중수소)을 녹여 더 무겁고 안정적인 핵(헬륨)을 형성시키는 일종의 역과정을 활용하는 것이다. 핵융합은 별의 내부에서 일어나는데, 점점 더 크기가 큰 핵이 융합하면서 수백만 도의 용광로에서 무수한

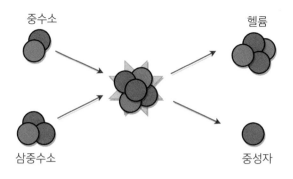

중수소

헬륨

삼중수소

중성자

원자가 생산된다.

핵 연구의 진정한 성배인 핵융합을 통해 우리는 환경 친화적이고 풍부한 에너지원을 기대할 수 있다. 프랑스 남동부의 카다라쉬에 거점을 둔, 인류 역사상 가장 큰 국제 공동 과학 프로젝트인 국제 핵융합 실험로ITER의 목표가 바로 이 핵융합을 마스터하는 것이다. 이 공동 프로젝트는 2030년대 말까지 핵융합 첫 시연을 계획하고 있으며, 2050년까지 상업용 원자로를 개발하기를 희망하고 있다. 그러나 국제적 지원과 최근까지의 발전에도 불구하고 핵융합을 일으키는 별의 온도 조건을 지구상에서 재현하기 위해 투입되는 비용은 막대하며, 핵융합 장치의 에너지 효율성에 대한 의구심도 여전히 남아 있다.

인류가 별을 직접 생산하기 전까지는 태양으로부터 에너지를 얻는 것이 해결책이 될 수 있을까? 다음 장에서 살펴보자.

개념 요약: 원자

원자는 물질의 기본 벽돌이다. 인류는 고대부터 원자의 존재를 직감했지만, 20세기에 이르러서야 그 존재를 증명하였다. 증명 초기에 원자는 전자에 둘러싸인 아주 작은 핵으로 이루어진, 작은 태양계와 같은 모습으로 상상되었다. 양자 물리학은 이보다 훨씬 복잡한 원자의 세계를 설명한다. 전자가 '오비탈'이라고 불리는 일종의 풍선 안에 존재한다는 것이다.

원자핵은 중성자로 충격을 가하면 두 개의 더 작은 핵으로 쪼개질 수 있다. 핵이 분열될 때 $E = mc^2$ 공식에 따라 엄청난 양의 에너지를 방출하는데, 이것이 핵분열의 원리다. 아직 갈 길이 먼 핵융합은 핵분열의 역과정을 이용한다.

02

태양 에너지 추출하기

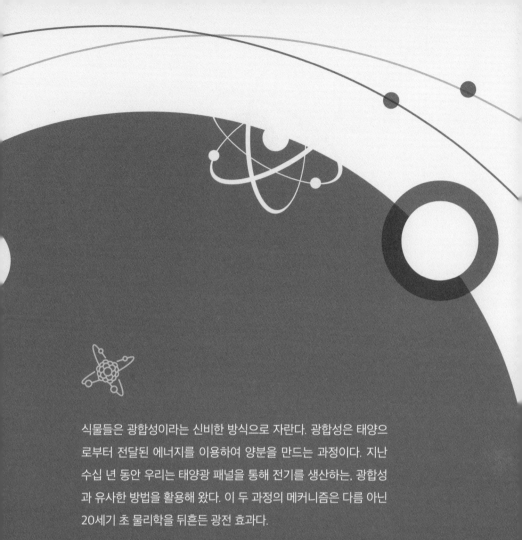

식물들은 광합성이라는 신비한 방식으로 자란다. 광합성은 태양으로부터 전달된 에너지를 이용하여 양분을 만드는 과정이다. 지난 수십 년 동안 우리는 태양광 패널을 통해 전기를 생산하는, 광합성과 유사한 방법을 활용해 왔다. 이 두 과정의 메커니즘은 다름 아닌 20세기 초 물리학을 뒤흔든 광전 효과다.

물리학에 등장한 낯선 현상은 빛이 물질과 마찬가지로 알갱이로 이루어져 있음을 이해할 수 있게 해 주었다. 양면성을 지닌 미지의 세계로 향하는 문의 열쇠였다. 좀 더 명확히 살펴보기 위해 잠시 시간을 거슬러 올라가 보자.

감춰진 진실

35쪽 그림을 주의 깊게 살펴보자. 무엇이 보이는가? 중심이 우묵하게 파인 다섯 개의 정육면체? 아니면 중앙에 정육면체가 놓인 벽면 다섯 개? 다섯 개의 육면체 각각의 중심점은 앞면으로도, 또는 뒷면으로도 보인다. 시각적 착각을 유도하는 헝가리의 옵아트 예술가 빅토르 바자렐리Victor Vasarely의 작품을 더욱 섬세하게 만드는 것이 바로 이러한 이중성이다.

물리학에서는 여러 가지 답이 인정되는 질문들이 등장하곤 한다. 뉴턴 이후로 황금기를 누리던 물리학은 19세기에 다음 질문을 둘러싸고 격렬한 논쟁을 벌였다. "빛이란 무엇인가?"

한편에서는 빛을 소리나 바다의 파도와 같은 파동이라고 상상했다. 바로 네덜란드의 물리학자 크리스티안 하위헌스Christian Huygens가

빅토르 바자렐리, 〈다섯 개의 육면체〉(1988).

주장한 **파동설**이다. 또 다른 한편에서는 빛이 작은 알갱이로 되어 있다고 생각했다. 소위 **입자 이론**을 옹호하는 사람 중에는 프리즘을 이용해 최초로 백색광을 무지개로 분산시킨 뉴턴이 있었다. 두 이론 모두 증명할 수 있는 경험적 증거가 없는 상황이었지만, 입자 이론 은 뉴턴의 명성에 힘입어 두 세기 동안 논쟁에서 우위를 차지했다.

그림자놀이

1801년이 되어서야 두 이론을 검증하기 위한 실험이 시작되었다. 영국의 젊은 물리학자 토머스 영Thomas Young의 이름을 잘 기억하기를 바란다. 그림자놀이의 원리를 활용한 영의 장치는 당황스러울 정도

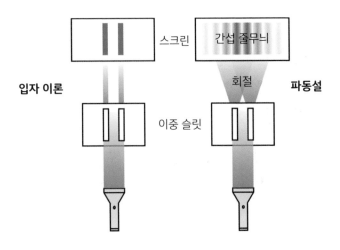

입자 이론　스크린　이중 슬릿　간섭 줄무늬　회절　파동설

로 매우 단순했다. 두 개의 슬릿이 뚫린 시트에 빛을 비춘 것이다(36쪽 그림 참조). 과연 슬릿 뒤에 놓인 스크린에는 무엇이 나타났을까?

만약 빛이 입자로 이루어져 있다면 단순히 두 개의 슬릿에 의해 드리워진 그림자가 관찰되었을 것이다. 그러나 영은 근본적으로 다른 것을 관찰했다. 밝고 어두운 일련의 간섭 줄무늬가 나타난 것이다! 이러한 결과는 당시 이미 잘 알려진 파동의 두 가지 성질에 의해서만 설명될 수 있었다.

먼저 이중 슬릿을 통과한 두 줄기의 광선은 슬릿에 수직인 방향으로 퍼져 스크린에서 중첩되는데, 이러한 현상을 **회절**이라고 한다. 눈을 가늘게 뜰 때 이 현상을 쉽게 관찰할 수 있다. 가늘게 뜬 눈 틈새로 들어오는 빛은 수직으로 늘어지는데, 눈꺼풀 사이의 공간이 좁아질수록 더 많이 늘어진다.

그러면 이중 슬릿에 의해 회절된 광선이 만나는 영역에서 간섭 현상에 의해 밝고 어두운 줄무늬가 형성된다. 이 현상은 매우 직관적이다. 두 파동이 겹쳐질 때 파동의 마루끼리 만나면 마루가 더욱 높아지고, 골끼리 만나면 골이 더욱 깊어진다. 반면 마루와 골이 만나면 파동은 완전히 사라질 수도 있다. 이것이 스크린에 밝고 어두운 줄무늬가 번갈아 나타난 이유다.

파동설은 영의 이중 슬릿 실험으로 기세를 잡았다. 그러나 입자 이론이 항복을 선언하기에는 아직 일렀다.

모든 빛을 관찰하다

파장

전류 없음　　　　전류 있음

1839년, 금속 조각에 빛을 비춘 프랑스의 물리학자 앙투안 베크렐 Antoine Becquerel은 예상치 못한 현상을 발견했다. 전류, 즉 금속 내부에서 전자의 움직임이 나타난 것이다. 이는 곧 빛이 원자에서 전자를 떼어 내는 힘을 갖고 있다는 것을 의미했다. 이것이 바로 **광전 효과**다. 수년이 지나, 광전 효과의 이상한 특징이 발견됐다. 모든 색의 빛에 대해서 광전 효과가 일어나지는 않는다는 것이었다. 금속에 푸른빛을 비추면 광전 효과가 일어났지만 붉은 빛을 비추었을 때는 그 세기에 관계없이 광전 효과가 일어나지 않았다.

그런데 빛의 색이란 정확히 무엇일까? 뉴턴에게 악의는 없지만 앞서 살펴본 것처럼 빛은 파동처럼 행동한다. 바다 위 파도를 생각해 보자. 수면의 모든 지점은 수직으로 진동한다. 모든 파동은 **진동수**, 즉 초당 진동하는 횟수로 특징된다. 빛의 색을 결정하는 것이 바로 이 진동수다. 붉은빛은 초당 대략 400조 번 진동하는 반면, 푸른빛은 이보다 거의 두 배 더 빠르게 진동한다. 빛의 **파장**, 즉 연속된 두 마루 사이의 거리 역시 빛의 색을 결정한다(진동수가 클수록 파장은 짧다). 푸른빛은 파장이 500나노미터이지만, 붉은빛은 파장이 800나노미터다.

그렇다면 붉은빛은 전류를 발생시키지 않는다는 것을 어떻게 설명할 수 있을까? 파동의 진동수는 전류를 발생시키는 능력을 어떻게 결정할까? 이 놀라운 관찰은 60년이 넘는 시간 동안 수수께끼로 남아 있었다. 이러한 관찰을 설명하기에는 물리학에서 확실히 빠진 것이 있었다.

기적의 해

드디어 1905년에 도착했다. 아인슈타인이 아직 청년이던 시절이다. 가끔 들리는 말처럼 '괴짜 꼴통'은 아니었지만, 권위 있는 강의를 수 강하기보다는 공상하기를 더 좋아하는 비학구적인 인물이었던 것만은 틀림없던 아인슈타인은 논문 장학금을 받지 못해서 생계를 유지하기 위해 스위스 베른의 특허청에서 일해야 했다. 그러나 그러한 현실은 그가 남는 시간에 물리학의 중대한 문제에 배짱 좋게 부딪히는 일을 막을 수는 없었다.

그해에 아인슈타인은 물리학계를 뒤흔든 네 편의 논문을 쓴다. 한 편은 브라운 운동 방정식으로, 4년 후 장 페랭은 원자의 존재를 증명하기 위해 아인슈타인의 이론을 활용했다(1장 참조). 또 다른 논문은 앞에서 보았던 그 유명한 공식 $E=mc^2$에 관한 것이었다. 그리고 나머지 두 편의 논문은 빛의 성질에 관한 것으로, 당대의 가장 거대한 두 가지 역설에 대한 답을 시사했다. 이 논문들이 현대 물리학의 양 축을 이루는 토대를 마련했다고 해도 과언이 아니다.

첫 번째 역설은 빛의 속도에 관한 것이다. 달리는 열차의 전조등에서 방출된 빛은 정지 상태인 열차의 전조등에서 방출된 빛과 왜 같은 속도로 움직일까? 이 질문에 대답하기 위해서는 두 열차의 시계가 불일치한다는 것을 인정해야만 했고, 그로부터 시공간의 유연성을 설명하는 상대성 이론이 탄생했다.

두 번째 역설은 방금 확인한 광전 효과에 관한 것이다. 이를 설명하기 위해서 당시 26세였던 청년 아인슈타인은 영의 이중 슬릿 실험으로 더 이상 반박할 수 없던 파동설의 목을 비틀었다.

광자의 탄생

아인슈타인은 빛이 너무 작아 육안으로 볼 수 없는 알갱이로 구성되어 있다는 뉴턴의 생각으로 돌아갔다. 빛은 아마도 스마트폰의 액정과 비슷할 것이다. 액정은 멀리서 보았을 때는 매끈하지만 아주 가까이서 보면 픽셀화되어 있다. **광자**라고 하는 각각의 빛 '픽셀'은 진동수 ν에 비례하는 에너지 E를 운반하므로 공식 $E=h\nu$가 성립한다. 비례 상수 h는 양자 물리학에서 아마도 가장 상징적인 상수인 플랑크 상수다. 광자가 매우 적은 양의 에너지를 갖고 있기 때문에 플랑크 상수의 값은 매우 작다. 광자는 셀 수 없을 만큼 엄청난 수를 가져야만 가시광선을 형성할 수 있다. 손전등이 1초에 방출하는 광자는 수백경 개를 훨씬 웃돈다.

이 공식의 결과는 이렇다. 푸른색 광자는 붉은색 광자보다 진동수가 두 배나 더 크기 때문에 더 많은 에너지를 운반한다. 이는 촛불을 가까이서 보면 알 수 있다. 가장 뜨겁기 때문에 가장 많은 에너지를 갖는 불꽃의 밑부분은 푸른빛을 띤다. 푸른색보다 높은 진동수(더 강한 에너지) 중에는 장기적으로 피부가 노출되면 위험한 태양의

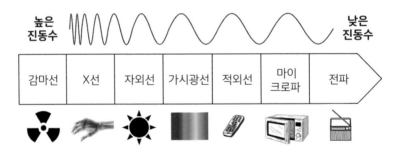

자외선이 있다. 영상의학과에서 낮은 선량으로 사용되는 X선은 자외선보다 더욱 강력하다. 가장 높은 진동수와 강한 에너지를 갖는 감마선은 방사능을 갖고 있기 때문에 감마선의 광자는 살을 도려낼 수 있을 정도로 위력적이다(의료계에서는 외과용 메스 대신 감마 나이프[3]를 사용하기도 한다!).

이제 우리는 광자의 진동수가 높을수록 보다 많은 에너지를 운반한다는 사실을 이해했다. 빛의 에너지를 높이는 방법에는 두 가지가 있다. 빛의 세기, 즉 빛이 운반하는 광자의 수를 증가시키거나 빛의 색, 즉 각각의 광자가 운반하는 에너지를 증가시키는 것이다. 그러나 광전 효과와 관련해서 이 두 가지 방법은 동등하지 않은데, 이는 관찰되는 "양자택일" 현상을 설명한다. 붉은색 광자는 금속에서 전자를 떼어 낼 만큼 충분한 에너지를 갖지 못한다. 붉은색 광자의 수를 아무리 늘려도 전류는 흐르지 않는다. 굉장히 오랜 시간을 투자하더라도 말이다. 반면 푸른색 광자는 전자를 떼어 낼 수 있고, 그 결과로 발생하는 전류는 빛의 세기에 따라 증가한다.

결국 아인슈타인은 빛의 입자 이론을 다시 전면으로 내세워 광전 효과를 설명할 수 있었다. 그가 남긴 천재적인 업적들 중 1921년 그에게 유일한 노벨상을 안겨 준 것은 바로 이 업적이었다. 주위의 질투를 불러일으키며 몇 차례 더 노벨상을 받을 수도 있었지만 말이다.

---

[3] 감마선을 이용한 수술 도구.

빛을 내는 당구공

영의 이중 슬릿 실험과 모순되는 광자 이론은 많은 비판을 야기했지만, 1923년 미국의 물리학자 아서 콤프턴Arthur Compton의 실험 이후에는 남아 있던 반대론자들도 두 팔을 들어야 했다. 콤프턴은 X선을 전자에 충돌시켜 더 낮은 진동수의 광선을 모았다.

유일하게 가능한 설명은 광자가 마치 당구공처럼 전자를 튕겨 내며 에너지를 잃는다는 것이다. 다만 이때 당구공과 다른 점은 속도를 잃는 대신 (광자는 빛의 속도로만 움직일 수 있다) 진동수가 감소한다는 것이다. 콤프턴의 실험 결과는 $E = h\nu$ 공식을 완벽하게 입증했다.

태양, 지구의 배터리

만약 한 시간 동안 지구가 받는 햇빛을 완벽하게 복구한다면, 이는 약 1년 동안 지구의 에너지 수요를 충족할 수 있다. 과학자들은 이 귀중한 자원을 활용하는 과정에서 광전 효과의 잠재성을 빠르게 깨달았다. 최초의 광전지는 1883년부터 생산되었다.

물론 지구 전체를 검은색 태양광 패널로 덮을 수는 없다. 광 패널은 생산 비용이 비쌀뿐더러 오염원이기도 하다. 여기에 또 다른 기술적 과제도 대두된다. 최신 광전지는 흡수하는 에너지의 최대 10퍼센트만을 복구할 수 있다. 에너지 생산 효율이 낮은 이유는 무엇이며, 어떻게 개선할 수 있을까?

공상 과학 소설가들에게 유독 인기 있는 태양 에너지 수확 방법은 프랑스 공상 과학 소설 《오말》(2001)이나 〈스타 트렉〉(1992) 시리즈에 등장하는 다이슨 구Dyson sphere다. 다이슨 구란 어떤 항성이 내보내는 모든 광선을 모으기 위해 그 항성을 둘러싼 거대한 껍질이다.

이 거대한 구조는 특히 이 에너지를 이용해서 우주를 여행할 수 있지만 (다이슨 구에 가려져) 지구에서는 보이지 않는, 고도로 진보된 외계 문명의 발달을 허용한다는 점에서 매혹적이다. 어쩌면 지능이 있는 외계의 다른 종으로부터 우리가 아직 어떤 신호도 받지 못한 이유를 설명해 줄지도 모른다!

광전 효과와 그 양자택일 특성을 다시 생각해 보자. 태양빛은 많은 양의 자외선과 모든 무지개 색깔의 광자 혼합물로 이루어져 있다. 그중 진동수가 특정 임계값을 초과하는 광자만이 광전 효과를 일으키는 데 성공하고, 나머지 광자는 모두 실패한다.

따라서 더 많은 광자를 회수하기 위해서는 임계값을 낮춰야 할 것 같지만, 이 경우에는 수집된 각 광자로부터 더 적은 에너지만을 회수할 수 있다. 사용되는 물질에 따라 달라지는 임계값의 진동수는 카펫의 가격이 너무 비싸면 구매하는 사람이 거의 없고, 너무 저렴하면 수익이 나지 않는 카펫 상인의 딜레마와 유사한 딜레마를 일으킨다.

빛나는 발명품

LED 전구 역시 광전 효과를 바탕으로 작동한다. 정확히 말하자면 광전 효과를 역으로 이용한다. 전자를 방출하는 광자 대신, 전자와 원자를 다시 결합시켜 광자를 방출하고 빛을 생성하는 것이다. LED 전구는 1960년대부터 제조되기 시작하였고, 1990년대에 이르러서는 푸른빛을 발산하는 LED를 생산하는 데 성공했다.

LED 발명은 단순한 우연이 아니다. 푸른빛의 LED는 에너지 소비량이 백열전구보다 다섯 배 이상 적기 때문에 공공 조명부터 컴퓨터 모니터에 이르기까지 우리의 일상에 빠르게 활용됐다. 또한 열 발생이 없고 내구성은 열 배 더 뛰어나다는 장점도 가진다. 전 세계 전기의 약 5분의 1이 LED 조명을 사용하고 있는 만큼, 2014년 노벨상을 수상한 이 발명품은 에너지 절약 측면에서도 그 가치가 높다.

빛의 두 얼굴

파동설과 입자 이론의 격렬한 논쟁의 결말을 이야기하지 않고는 이 장을 마무리할 수 없을 것 같다. 아인슈타인이 도입한 광자 개념은 광전 효과 문제를 해결했을지라도 영의 이중 슬릿 실험에서 관찰된 빛의 간섭 현상은 설명하지 못했다! 빛이 때로는 입자처럼, 때로는 파동처럼 행동하는 현상을 과연 어떻게 설명할 수 있을까? 이 질문의 답을 찾기 위해 영의 이중 슬릿 실험이 20세기에 다시 소환되었다. 이번에는 슬릿에 광선을 투과하는 방식이 아니라 분리된 광자를

하나씩 투과하는 방법이 적용되었다. 처음 전
송된 광자들은 스크린의 임의 위치에 충돌하
는 모습이 분명하게 관찰됐다. 그러나 광자를
하나둘씩 투과할수록 형태가 나타났다. 어떤
영역들은 광자의 충돌로 덮여 갔지만, 그 외의
영역은 빈 채로 남은 것이다(45쪽 그림 참조). 신
기하게도 영이 관찰했던 명암의 줄무늬가 간
섭의 존재를 드러내며 다시 나타났다!

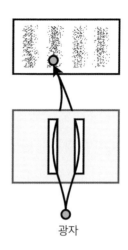

광자

　이 결과를 어떻게 설명할 수 있을까? 광자는 하나씩 순차적으로
전송되어 서로 영향을 줄 수 없다는 점을 명심하자. 그러나 빛의 간
섭은 왼쪽 슬릿에서 오는 파동과 오른쪽 슬릿에서 오는 파동의 상
호 작용으로만 설명될 수 있다. 아마도 광자는 한 번에 하나의 슬릿
만 통과할 수 있을 것이다. 여기서 잠깐! 원자의 세계로 떠나는 우리
의 여정에서 앞으로 보게 되겠지만, 양자 물리학은 우리가 그럴듯하
다고 생각하는 바를 별로 개의치 않는다. 오히려 우리의 직관을 뒤
집는 데에서 더 큰 즐거움을 느끼는 듯하다.

　이 실험은 각각의 광자가 어떤 방식으로든 두 개의 슬릿을 동시
에 파동의 형태로 통과한 다음, 스크린에서 다시 결합되면서 하나의
효과를 야기한다는 것을 시사한다. 따라서 광자는 자신과 간섭해야
한다. 한 세기 안에 빛의 파동 개념에서 입자 개념으로 전환되었다
가, 마침내 빛이 개별적으로 파동처럼 행동할 수 있는 알갱이로 구
성되었다는 결론이 내려졌다.

상보성 원리

광자가 두 슬릿을 모두 통과하는지 확인하기 위해 각 슬릿 앞에 광자 탐지기를 배치하는 것도 좋은 방법일 것이다. 단 탐지기에 포착되려면 광자가 반드시 탐지기와 충돌해야 하기 때문에 결국 광자는 파괴돼 스크린까지 도달하지 못하게 된다.

닐스 보어는 물리적으로는 우리의 호기심을 절대 충족시키지 못할 것이라고 생각했다. 빛의 파동성(간섭)과 입자성(광자의 움직임)을 동시에 관찰할 수 없기 때문이다. 그래서 보어는 입자 파동 **상보성** 개념을 제안했다. 바자렐리의 정육면체에서 일어나는 시각적 역설과 같은 맥락이다. 정육면체의 중심점이 앞면 또는 뒷면에 있다고 인지할 수는 있지만, 동시에 두 관점을 지각하기란 매우 어렵다.

파동과 입자의 상보성은 자연의 불가침적인 법칙일까, 아니면 용의자를 은밀하게 관찰하는 형사처럼 모든 방해에도 불구하고 광자에 영향을 미치지 않고 탐지하고 관찰하는 방법을 찾음으로써 깨뜨릴 수 있는 법칙일까?

광자는 취약한 입자인 만큼 이 문제는 쉽지 않다. 지난 20년 동안 매우 복잡한 실험 장치를 도입하여 광자를 파괴하지 않는 시스템 안에서 그 존재를 탐지할 수는 있었지만, 광자를 파괴하지 않고 그 위치를 포착하는 일은 현재로서는 불가능하다. 이 문제에 대한 수많은 이론적, 실험적 시도가 있었지만(아인슈타인은 이빨이 깨지기도 했다[4]) 당혹스러운 파동 입자 상보성 원리는 오늘날에도 여전히 살아남아 있다.

개념 요약: 파동 입자의 이중성

1801년, 토머스 영은 빛이 파동이라는 것을 보여 주는 역사적 실험을 수행했다. 그러나 1839년, 이 직관은 빛이 전류를 생성할 수 있다는 광전 효과가 발견됨으로써 다시 도마에 오른다. 1905년, 아인슈타인은 빛이 원자에서 전자를 떼어 낼 수 있는 광자라고 불리는 작은 입자로 이루어져 있다는 가설을 통해 이 현상을 설명했다.

이 상반된 두 본성을 어떻게 조화시킬 수 있을까? 사실 답은 이중적이다. 빛은 실제로 광자로 구성되어 있지만 광자는 마치 파동처럼 개별적으로 움직일 수 있다.

----

[4] 프랑스 물리학자 세르주 아로슈Serge Haroche는 그의 저서 《밝혀진 빛의 정체La Lumière révélé》(2020)에서 상보성 원리에 도전하는 아인슈타인의 수차례 사고 실험 중 하나를 상세히 다뤘다.

우주 이해하기

2015년 9월 14일, 과학계를 뒤흔드는 이례적인 사건이 발생했다. 최초로 중력파가 검출된 것이다. 아인슈타인이 100여 년 전 예측했던 상대성 이론을 입증하는 중요한 관측이었다. 우주 반대편에서 발생한 블랙홀의 충돌에서 발생한 파동이 지구에 도달하기까지는 10억 년 이상의 시간이 소요되었다! 이토록 멀리 떨어진 곳에서 보낸 메아리를 감지하기 위해 물리학자들은 세계에서 가장 섬세하고 민감한 수 킬로미터 크기의 탐지기를 제작했다. 탐지기는 양자 물리학의 가장 큰 성공 중 하나인 레이저를 기반으로 작동했다.

레이저는 중력파 검출이라는 과학적 업적 외에도 CD 플레이어, 광섬유와 같은 수많은 일상 용품에서 필수적인 존재가 되었다. 레이저의 기능을 이해하기 위해, 3장에서는 물리학자들이 20세기 내내 길들이는 방법을 터득한 빛의 당혹스러운 성질을 보다 깊이 탐구해 보도록 하자.

잘 조율된 원자

초보 바이올리니스트의 연주에 불편함을 느낀 적이 있다면, 아마도 바이올린의 음이 '제대로 조율되지 않았'을 수 있다는 점을 알 것이다. 기타는 조금 더 쉽게 시작할 수 있다. 기타 줄을 잘 조율하고 운지법 몇 개만 외우면 마법처럼 아름다운 화음의 멜로디를 연주할 수 있으니 말이다.

사실 이 두 악기는 비슷한 원리를 갖고 있다. 다소 높은 음을 내기 위해 진동하는 현을 손가락으로 목 가까이 눌러 현의 일부를 짧게 만든다. 근본적인 차이는 기타의 목을 따라 배열된 금속 막대인 프렛에서 비롯된다. 기타의 현은 프렛에 의해 단계적으로 진동해 원하는 특정 음만을 낼 수 있다. 한편 바이올린은 모든 중간 음을 낼 수 있기 때문에 더 자유롭게 연주할 수 있지만, 깔끔한 음을 연주하기 위해서는 보다 정교한 움직임이 요구된다. 연주자가 더 많은 노력을 기울여야 하는 것이다.

기타 음들의 이러한 불연속성은 양자 세계를 특징짓는 불연속성과 매우 유사하다. 원자는 에너지 준위Energy level라고 불리는 특정 개수의 상태에서만 있을 수 있다. 이 에너지의 값은 배열이 반드시 규칙적이지는 않다는 점만 제외하면 기타의 프렛과 유사하다. 원소들은 서로 다른 음표, 예를 들어 에너지로 특징지어지는 일종의 기타라고 상상할 수 있다. 이 음표는 동일한 원소에 대해 정확히 동일해, 어떤 의미에서는 마치 지문과도 같다.

원자는 상당히 게으르기 때문에 개방된 기타 줄처럼 가장 낮은 에너지 준위에 머물고 싶어 한다. 그러나 충분한 추진력을 받으면 원자는 하나 이상의 프렛을 올라가 더 높은 음에 도달할 수 있는데, 이때 원자가 '여기'되었다고 한다. 그런 다음 원자는 다시 바닥상태로 돌아가기 위해서 더 빠르게 전이된다.

양자 도약

에너지 준위는 무엇에 해당하며, 원자가 준위를 오르내릴 때 실제로 어떤 일이 벌어질까?

원자에는 핵을 둘러싸고 있는 전자가 포함되어 있다는 점을 기억하자. 이 전자들은 1장에서 살펴본 재미있는 풍선인 오비탈에 분포한다. 전자가 들어 있는 풍선은 그 크기가 클수록 에너지가 증가한다. 따라서 원자의 에너지 준위는 가장 큰 점유 오비탈에 의해 결정된다. 에너지 준위를 오르내리기 위해 전자는 한 풍선에서 다른 풍선으로 임의로 도약할 수 있는데, 이것을 **양자 도약**이라 한다.

원자 에너지 준위의 불연속성은 광자라는 에너지 패킷으로 구성된 빛의 불연속성을 연상시킨다. 이것은 단순한 우연이 아니다. 광자는 원자가 하방 전이될 때, 다시 말해서 한 단계 이상의 에너지 준위로 내려올 때 정확히 방출되는데 이를 **자연 방출**이라고 한다. 방출된 광자는 원자가 잃은 에너지를 운반한다. 이 현상은 순전히 무작위적인 특성을 갖는다. 원자가 언제 하방 전이를 할지, 어느 방향으로 광자가 방출될지는 예측할 수 없다.

반면 높은 에너지 준위로 도약할 수 있는 에너지를 갖는 광자를 만나게 되면 원자는 에너지를 **흡수**하여 들뜬상태로 전환될 수 있다 (52쪽 그림 참조).

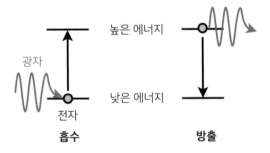

빛보다 빨리 달리기

빛은 진공 상태에서 초당 약 30만 킬로미터를 이동하고 유리나 물 같은 물질에서는 원자와 '충돌'하므로, 즉 빛이 원자에 흡수되었다가 다시 방출되므로 속도가 느려진다. 빛은 유리에서 '고작' 초속 20만 킬로미터로 이동하는데, 우리의 눈으로 보기에는 여전히 빠른 속도. 1999년, 덴마크의 레네 하우Lene Hau는 그녀의 하버드대학 연구 팀이 빛의 속도를 시속 60킬로미터로 낮추는 데 성공했다고 발표한 바 있다. 그녀의 실험실에서는 빛이 언덕길을 내려오는 자전거보다 더 느리게 이동한 셈이다!

이를 위해서는 원자와 빛의 상호 작용을 활용해야 한다. 그러나 원자는 모든 방향으로 움직이는 아주 고약한 성질을 갖고 있기 때문에 이 상호 작용을 어렵게 만든다. 그래서 레네 하우는 원자가 되도록 움직이지 않도록 포획한 다음, 레이저를 이용해 밀도가 매우 높은 유리 안에서처럼 광자가 천천히 전파되도록 원자의 특성을 수정할 수밖에 없었다.

별 스캔하기

아인슈타인이 알려 준 것처럼 광자의 에너지는 진동수, 즉 가시광선의 경우에는 색깔에 비례한다. 그 결과 한 에너지 준위에서 다른 준위로 전이될 때는 다른 색의 빛을 방출하거나 흡수한다. 수소 원자는 세 번째 에너지 준위에서 두 번째 에너지 준위로 떨어질 때 붉은색 광자를 방출한다. 만약 네 번째 에너지 준위나 더 높은 에너지 준

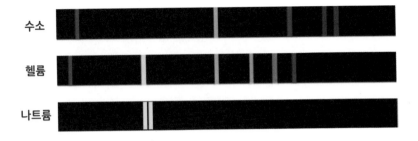

수소		
헬륨		
나트륨		

위에서 두 번째 에너지 준위로 떨어진다면 더 많은 에너지를 가진 푸른색 광자를 방출할 것이다.

가능한 모든 전이는 원자의 **방출 스펙트럼**이라고 불리는, 원자를 식별할 수 있는 일종의 바코드인 일련의 채색 선을 형성한다(54쪽 그림 참조). 예를 들어 나트륨은 자신이 방출할 수 있는 두 개의 매우 가까운 노란색 선과 주황색 선으로 식별할 수 있는데, 이것이 공공 조명에 사용되는 나트륨램프의 색상이다.

마트에서 바코드를 스캔하여 쉽게 상품을 식별하듯이, 천체물리학자들은 방출 스펙트럼의 바코드를 이용해서 별의 화학적 구성을 판별한다. 수많은 개별 화학 종의 바코드를 원하는 대로 이용해 관측된 스펙트럼을 설명하는 종의 조합을 알아내는 것이다. 별은 대개 수소와 헬륨으로 이루어져 있기 때문에, 일반적으로는 54쪽 그림에서 보이는 두 개의 스펙트럼이 다른 원자의 스펙트럼과 중첩되어 관찰될 것이다.

광자의 집단성

물고기 떼나 제비 떼가 보이는 아름다운 춤에 감탄한 적이 있는가? 이러한 춤은 동물들이 동족의 움직임을 따르는 집단적 성향을 갖기 때문에 나타난다. 옛날부터 인간은 양치기 개의 도움으로 양 떼를 모는 등 이러한 본능을 활용하는 방법을 알고 있었다.

운 좋게도 빛 또한 이러한 집단적 성질을 갖는다는 점이 밝혀졌다. 실제로 빛에는 광자가 들뜬 상태의 원자에 도달하면 같은 진동수를 갖고 같은 방향으로 진행하는 다른 광자를 방출하도록 유발하는 능력이 있다! 결코 명백하지 않은 이 현상은 1916년 선지자 아인슈타인에 의해 예측되었는데, 이를 **유도 방출**이라고 한다. 이 현상을 어떻게 활용할 수 있을까?

양치기와 동일한 맥락이다. 광자를 가두어 질서 정연하게 앞으로 나아가도록 강제할 수 있다. 양치기 개가 짖는 소리는 거의 영향을 미치지 않는다. 빛을 가두기 위해 두 개의 거울을 마주하여 놓기만 하면 된다. 그리고 두 거울 사이에 들뜬상태인 원자 구름을 둔다.

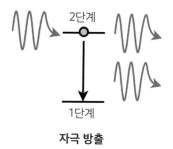

자극 방출

그러면 구름을 통과하는 동안 광자는 그 뒤를 따르는 다른 광자 수십 개의 방출을 유도한다. 구름을 다시 가로지름으로써, 각각의 광자는 또다시 다른 광자 수십 개를 모집한다. 반복적인 움직임이 기하급수적으로 증가하면서 단 몇 나노 초 만에 모든 광자가 동일한 무리로 변해 일괄적으로 움직인다.

선험적으로 아주 단순한 이 생각 뒤에는, 양자 물리학이 탄생시킨 인간의 가장 유용한 혁신 중 하나인 **레이저의 원리**가 있다. 레이저Laser는 '유도 방출 복사에 의한 빛의 증폭light amplification by stimulated emisson of radation'을 뜻하는 약어이다.

질소 우산

원자만 에너지 준위가 불연속적인 것은 아니다. 모든 양자 물체, 특히 분자의 경우도 불연속적이다. 최초의 레이저가 탄생하기 몇 년 전인 1953년 미국의 물리학자 찰스 타운스Charles Townes는 암모니아를 사용하여 마이크로파를 증폭시키는 기계인 메이저를 구현하는 데 성공했다. 암모니아는 질소 원자 한 개와 수소 원자 세 개로 구성된 피라미드형 분자다. 질소는 맨 위에 위치하고 수소 원자 세 개는 그 아래에 있는데, 이 피라미드 구조는 초당 수십억 번 정도 마치 우산처럼 뒤집힐 수 있다.

특정 조건에서 두 피라미드 구조는 서로 다른 에너지를 가지므로 한 구조에서 다른 구조로 이동할 때 마이크로파 영역의 광자를 방출한다. 그러면 유도 방출을 이용해서 이 광자를 증폭할 수 있다. 이 발견으로 타운스는 1964년 노벨 물리학상을 받고 자신의 아이디어가 레이저 설계에 기여했다는 영예를 얻었지만, 아쉽게도 상업적 성공까지는 이루지 못했다.

만능 레이저

1960년대에 등장한 레이저는 오늘날 빼놓을 수 없는 필수 도구가 되었다. CD플레이어, 광섬유, 금속 절단기, 거리 측정기, 제모기, 수술 도구 등등 레이저는 다양한 산업 분야에 도입할 수 있고 비용도 저렴해서 어디서나 쉽게 찾아볼 수 있다. 레이저는 과학 연구에서도 매우 중요하다. 양자 물리학 실험실의 문을 열면 거울 미로로 레이저 빔을 유도하고 있는 젊은 박사 과정 연구생과 마주칠지도 모른다(57쪽 사진 참조). 레이저가 이토록 중요한 이유는 무엇일까?

레이저의 첫 번째 장점은 매우 '순수한' 빛을 생산한다는 데 있

양자 순간 이동 실험에 활용되는 녹색 레이저(7장 참조).
출처: 프랑스 LKB연구소

다. 천연 광원 대부분은 넓은 범위의 진동수에 걸쳐 빛을 방출한다. 태양의 백색광은 무지개가 되었을 때 눈에 보이는 모든 색이 혼합된 것이다. 소리에 비유하면 백색광은 피아노의 모든 음을 동시에 눌렀을 때 들리는 불협화음과도 같다. 반면에 레이저는 매우 순수한 A음만 발생하는 소리굽쇠와 같다.

SF 속 양자 물리학

영화 〈스타 워즈〉에 나오는 광선검을 실제로 구현할 수 있을까? 이론상으로 허무맹랑한 소리는 아니다. 매우 강력한 레이저 빔이 일부 군함에서 장거리용 무기로 사용되고 있기 때문이다. 그러나 〈스타 워즈 에피소드1: 보이지 않는 위험〉(1999)에 나오는 콰이곤 진의 무기처럼 1미터 두께의 금속 문을 몇 초 안에 녹이려면 대략 10억 와트, 그러니까 오늘날 원자로 가동에 필요한 전력이 필요하다. 현재 최고 약 1000와트의 레이저를 사용하고 있으니 아주 먼 이야기가 되겠다…….

레이저의 두 번째 장점은 극도의 지향성이다. 즉 레이저 빔은 매우 직선적이며, 굉장히 먼 거리에서도 아주 좁은 범위를 유지할 수 있다. 일반적인 광원은 그렇지 않다. 침대 머리맡의 램프는 (제작된 목적에 맞게) 확산 방식으로 넓은 원뿔 덮개를 비추고 손전등 빔은 1미터를 이동할 때마다 몇 센티미터씩 넓어지지만, 최첨단 레이저 빔은 1킬로미터를 이동해도 그 차이가 1밀리미터 이하로 나타난다. 정밀화기의 포인터로 레이저가 사용되는 이유가 바로 이 때문이다.

이렇게 낮은 발산에서 비롯된 세 번째 장점은 레이저 빔이 감쇠

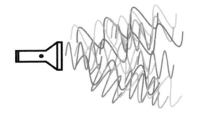

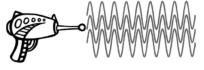

일반 손전등 레이저

되기 전에 엄청난 거리를 이동할 수 있다는 것이다. 파리 에펠탑 근처에서 잡상인들이 판매하는 소형 레이저 포인터의 도달 거리도 무려 100미터에 달한다! 더 발전된 레이저를 활용하면 지구와 달을 왕복하여 그 거리를 정확하게 측정할 수 있다. 30만 킬로미터 거리에 떨어져 있지만, 달에 도달하는 레이저 빔의 지름은 100미터밖에 되지 않는다. 레이저 빔은 아폴로호가 달 탐사 임무를 수행하면서 달 표면에 설치한 거울에 반사된다. 프랑스 남부 코트다쥐르 천문대의 연구원들은 빛의 왕복 시간을 대략 2초로 측정함으로써 달과 지구의 정확한 거리를 밀리미터 단위로 정확히 얻어 냈다.

아주 작고, 항상 작은 구멍들

아주 매끄러워 보이지만 DVD에는 정보를 인코딩하는 무수한 마이크로미터 크기의 구멍이 새겨져 있다. 비닐 레코드의 요철은 통과할 때마다 레코드를 손상시키는 다이아몬드 탐침으로 읽을 수 있는 반면(그 소리를 선호하는 애호가들도 있다), 디스크의 구멍은 거기서 반사되는 레이저 빔에 의해서 감지된다. 레이저의 정확성 덕분에 DVD의 구멍은 비닐 레코드의 요철보다 훨씬 미세하여 더 많은 양의 정보를 저장할 수 있다.

그러나 이러한 소형화 작업에도 한계는 있다. 정보를 저장하는 구멍이 레이저의 파장만큼 작아지면 2장에서 본 영의 이중 슬릿 실험에서처럼 구멍은 빛을 모든 방향으로 회절시키기 시작한다. 이를 피할 수 있는 방법은 무엇일까? 한 가지 가능성은 빛의 파장을 줄이는 것이다. DVD 플레이어의 붉은색 레이저 대신 파란색 레이저를 사용하는 블루레이 플레이어에서 바로 이 방법이 구현되었다. 블루레이는 최대 다섯 배 용량까지 더 좋은 품질의 영화를 저장할 수 있다!

우주에 귀를 기울이다

지구와 달의 거리를 밀리미터 단위로 측정하는 것은 그 자체로 이미 엄청난 업적이다. 그러나 레이저는 이보다 더 발전해 나갔다.

2015년, 국제 '라이고LIGO[5]' 협력 연구원들은 과학용으로 제작된 역대 가장 인상적인 장비 중 하나인, 미국에 기반을 둔 거대한 **간섭계**를 사용해서 모든 정밀 기록을 갈아치웠다. 이 간섭계의 목표는 멀리 떨어진 블랙홀들의 충돌로 인해 발생하는 시공간의 급격한 요동인 **중력파**를 탐지하는 것이었다.

1916년, 대체 불가능한 아인슈타인이 예측한 아주 특별한 이 파동은 통과하는 물체를 늘이고 또 수축시킬 수 있는 힘을 가지고 있

---

[5] 레이저 간섭계 중력파 관측소Laser Interferometer Gravitational-Wave Observatory의 약어.

LIGO 관측소는 미국의 두 지역에 위치한다. 위 그림은 루이지애나주 리빙스턴에 있는 간섭계의 두 축이다.

출처: Caltech/MIT/LIGO

다. 이 파동은 우주에서 거대한 질량들의 움직임으로 생성돼 빛의 속도로 진공에서 전파된다. 지구에서 이 파동을 '듣기' 위해, 거대 간섭계에는 길이가 완전히 동일한 두 개의 거대한 수직 암$_{arm}$이 장착되어 있다.

이 파동이 지구를 통과할 때 두 수직 암은 아주 미세하게 움직이는데, 이는 파도가 지나갈 때 바다 위에 떠 있는 두 부표 사이의 거리가 멀어졌다가 가까워지는 것과 매우 유사하다. 이 진동을 감지하기 위해 레이저 빔을 발사해서 각 암을 왕복하게 한 다음 두 경로의 왕복 시간 차이를 측정하는데, 이는 검출기 수준에서 간섭 줄무늬

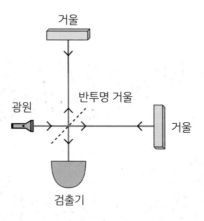

거울

반투명 거울

광원

거울

검출기

형태로 나타난다(62쪽 그림 참조).

　이 엄청난 기술적 도전의 핵심은 바로 이러한 파동을 감지하는 극도의 분별력에 있다. 간섭계의 암으로 측정한 4킬로미터 중에서 중력파에 의해 유도된 길이의 차이는 단 10억분의 1 나노미터에 불과하다. 이 차이를 측정하는 데 요구되는 정밀함은 지구와 태양 사이의 거리를 나노미터 단위로 측정하는 것과 같다! 어떻게 이런 성과를 낼 수 있었을까?

　몇 가지 비결이 관련되어 있다. 첫째, 레이저 빔의 경로에서 방해가 되는 모든 것을 제거해야 한다. 따라서 가능한 한 모든 원자를 제거할 필요가 있다. 실제로 간섭계의 두 암은 거대한 진공관이다. 둘째, 모든 소음을 제거해야 한다. 간섭계에서 몇 킬로미터 떨어진 곳의 트랙터가 내는 소음도 측정을 방해할 수 있다. 이를 위해 간섭계의 두 암에는 강력한 수평 안정 장치가 장착되었으며, 거울은 진동을 흡수하는 거대한 진자에 매달려 있다.

대형 우주 레이저 간섭계

2032년으로 예정된 레이저 간섭계 우주 안테나 LISA[6]의 우주 임무는 공상 과학 애호가들의 꿈이다. 목표는 초대형 간섭계를 우주로 보내는 것이다. 물론 LIGO의 지상 간섭계만큼 거대한 물체를 우주로 보내는 일은 불가능하다.

다행하게도 지상 간섭계의 두 암에 설치한 진공관은 우주에서는 더 이상 필요하지 않다. 우주는 이미 진공 상태이기 때문이다. 따라서 우주에 설치될 간섭계는 태양 주위를 돌며 지속적으로 레이저 빔을 교환하는, 각 암의 길이가 200만 킬로미터에 달하는 거대한 삼각형을 형성하는 세 개의 작은 위성으로 구성된다. 이 정도 거리에서 몇 미터 크기의 목표물을 노리는 일은 명사수의 부러움을 살 만한 위업이 될 것이다!

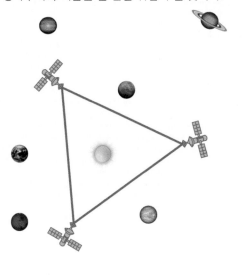

---

[6] *Laser Interferometer Space Antenna*의 약어.

마지막으로 간섭계의 측정 감도를 높이기 위해 암의 길이를 가능한 한 길게 늘일 필요가 있다. 이미 4킬로미터가 넘는 암의 길이를 늘이지 않고 빛의 경로 길이를 늘이기 위해서는, 빛이 빠져나가기 전에 수차례 반사되도록 강제하는 거울 쌍들인 일종의 광자 덫이 필요하다. 이 장치 덕분에 레이저 빔은 실제로 파리와 뉴욕을 왕복하는 거리인 1만2000킬로미터를 이동한다!

중력파는 상대성 이론을 검증하고 블랙홀의 존재를 증명하는 것 외에도 천문학을 완전히 새로운 학문의 장으로 개방했다. 하늘을 분석하기 위해 천체의 빛을 관찰하는 것뿐만 아니라 이제 이러한 새로운 유형의 파동 덕분에 별빛을 들을 수도 있고, 이를 통해 빅뱅의 신비를 파헤치기 위해 원시 우주의 암흑기로 거슬러 올라갈 수도 있다.

개념 요약: 빛의 방출

원자는 기타의 프렛과 유사한, 에너지 준위라고 불리는 유한한 개수의 상태에서만 발견된다. 하나의 준위를 오르내리려면 원자는 빛의 알갱이, 즉 광자를 흡수하거나 방출해야 한다. 이렇게 자발적이고, 무작위적이며, 무지향성인 메커니즘에 따라 침대 곁 탁자 위의 램프가 작동한다.

레이저는 이보다 더 복잡한 과정인 유도 방출을 이용하는데,

유도 방출은 광자들이 정렬된 '무리'를 형성하도록 한다. 따라서 레이저 빔은 매우 정확하며 감쇠되지 않은 채 굉장히 멀리 전파될 수 있어 일상생활 및 산업에서 자주 활용된다.

무한히 작은 것
탐색하기

2013년, 컴퓨터 기업 IBM은 1분짜리 단편 영화 〈소년과 원자A boy and his atom〉를 공개했다. 영화에서 한 소년은 공놀이를 한 다음 트램 펄린 위에서 뛴다. 모든 장면이 스톱 모션으로 제작된 이 영화에 특별한 점은 없다. 촬영 스튜디오의 규모가 100나노미터에 불과하다는 점만 제외한다면 말이다!

IBM이 제작한 이 영화는 역사상 가장 작은 영화라는 독특한 기록을 세웠다. 물론 이 기록이 유일한 흥밋거리는 아니다. 이 영화는 양자 세계의 경계에 근접한 전자회로의 소형화 경쟁에서 자신들의 기술적 능력을 과시하는 용이기도 했다. 촬영에 사용된 카메라는 양자 물리학의 가장 놀라운 현상 중 하나인 터널 효과를 이용했다.

시선의 영향

2020년 7월,《뉴욕 타임스》에 실린 한 연구에서는 독일 프로 축구
1부 리그인 분데스리가 경기에서 눈에 띄는 통계적 이상을 발견했
다. 매년 약 43퍼센트에 달했던 홈경기 팀의 승률이 2020년에는
33퍼센트로 급감한 것이다. 이유는 간단했다. 코로나19 바이러스
대유행으로 무관중 경기가 치러지면서 홈 관중의 응원이 팀 승리에
기여하는 이점이 사라진 것이다. 그렇다고 해도 이러한 현상의 결과
는 상당히 충격적이었다. 승률뿐만 아니라 선수들의 슛, 드리블, 퇴
장 횟수에도 영향을 미친 것으로 나타난 것이다.

축구 경기에서 관중은 단순한 방관자가 아니라 경기 진행에 적
극적으로 영향을 미치는 존재다. 이는 축구 팬이 소파에 편안히 앉
아 경기를 시청하기보다는 시야가 좋지 않더라도 관중석에서 관람

하기를 선호하는 이유 중 하나이다. 배우들이 관객의 반응을 확인할 수 있는 연극 공연장에서도 같은 현상이 일어난다. 우리 세계에서 관중은 언제나 관람하는 대상의 일부다.

헌데 물리학자들은 오랫동안 이 법칙을 무시해 왔다. 물리학자들은 세계를 묘사하기 위해서 대체로 단순화된 가설을 세워야 했다. 그중 하나가 물체의 속성이 절대적으로 정의된다고 가정하는 것이다. 즉 물체를 관찰하는 일은 그 속성에 영향을 끼치지 않으면서 정체만을 밝혀낼 뿐이라고 생각하는 것이다. 관찰자가 있든 없든 사과는 언제나 같은 속도로 떨어지기 때문에 이 가정은 꽤나 타당해 보인다. 그러나 원자의 세계에서 이 가정은 더 이상 적용되지 않는다.

장난꾸러기 전자

두 개의 틈이 뚫린 장애물을 통과한 광자를 스크린에서 관찰하는 영의 이중 슬릿 실험으로 다시 돌아가 보자. 단 이번에는 빛의 알갱이를 예컨대 전자와 같은 물질 알갱이로 교체해 보자. 만일 물질 알갱이가 아주 작은 테니스공과 같다면 스크린에는 슬릿의 모양을 그리는 충돌이 나타나리라고 예측할 수 있다. 그러나 다시 한번 말하지만, 그런 일은 일어나지 않는다.

스크린에 부딪힌 전자는 빛의 알갱이가 그러하듯 서서히 일련의 세로 줄무늬를 형성한다(70쪽 왼쪽 그림). 전자에게도 동시에 두 개의

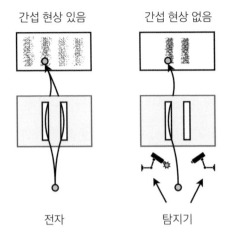

간섭 현상 있음 간섭 현상 없음

전자 탐지기

슬릿을 통과하는 능력이 있는 것처럼 말이다.

전자가 어떤 슬릿을 통과하는지 확인하기 위해서 슬릿 앞에 탐지기를 설치해 보자. 광자와는 달리 전자는 파괴되지 않은 채로 마치 고속도로 위를 달리는 차들처럼 '촬영'될 수 있다. 실험 결과는 매우 놀랍다. 탐지기를 작동시키면 전자가 지나간 슬릿이 드러난다. 왼쪽과 오른쪽에 설치한 탐지기는 동일한 비율로 점등되지만, 한 번에 하나씩만 켜진다. 그러나 전자는 더 이상 스크린의 줄무늬에 분포하지 않고 슬릿이 투사된 형태에 자리를 양보한다(70쪽 오른쪽 그림)!

완전히 엉뚱한 일이 일어나는 것처럼 보인다. 전자가 어떤 슬릿을 통과하는지 탐지하는 순간, 전자는 파동처럼 움직이기를 멈춘다. 전자가 갖고 있는 파동 속성이 우리가 관찰하려는 그 순간 사라지는 것이다! 2장에서 보았던 파동 입자 상보성이 물질에도 적용되는 셈이다.

그러므로 축구 경기에서처럼 양자 물리학 실험에서도 관찰자는 계에 영향을 미친다. 그러나 전자가 축구 선수들처럼 '관찰되는 것을 느낀다'고 잘못 해석하지 않도록 주의하자. 핵심은 움직임의 변화가 전자의 심리가 아닌 그 취약성에 기인한다는 것이다. 어떤 방식으로든 전자의 움직임을 방해하지 않고는 측정할 수도, 움직임을 변화시킬 수도 없다.

다시 쓰는 과거

슬릿 앞에 놓인 탐지기는 전자가 입자처럼 움직이고 하나의 슬릿을 통과하도록 만드는 것처럼 보인다. 전자가 슬릿을 통과할 때 탐지기의 영향을 받지 않도록, 탐지기를 슬릿의 앞이 아닌 뒤에 배치하는 것을 생각해 볼 수도 있다. 그러나 결과는 완전히 동일해서 간섭 줄무늬가 사라진다! 전자가 통과한 슬릿은 마치 그것이 통과한 후에 결정되는 것만 같다.

1988년, 미국 연구 팀은 한 걸음 더 나아가 탐지기에 수집된 정보를 흐트러뜨리는 '양자 지우개' 장치를 만들기로 했다. 양자 지우개를 작동시키면 빛의 간섭 줄무늬는 신기하게도 다시 나타난다. 마치 통과하는 슬릿을 선택한 일이 이후에 취소된 것처럼! '과거를 다시 쓰는 기계'인 양자 지우개에 대한 해석은 아직 합의가 이루어지지 않았다. 그러므로 미디어에서 떠들어 댈 만한 흥미로운 이름을 붙이는 데에는 신중할 필요가 있다.

물질파

양자 물리학은 처음으로 빛의 이중적인 성질을 밝혀냈다. 오랜 시간 빛은 파동으로 여겨졌지만 실제로는 입자의 형태인 광자로 구체화할 수 있다. 바로 앞에서 본 실험은 전자와 같은 물질 입자에도 동일한 원리가 적용된다는 것을 보여 준다. 두 개의 슬릿을 동시에 통과할 수 있는 전자는 빛과 동일한 이중적인 성질을 갖는다.

1920년대 초, 프랑스 물리학자 루이 드브로이Louis de Broglie는 물체 각각이 물질의 파동과 관련이 있다는 의견을 제시한다. 전자도 파도를 타는 서퍼처럼 이 파동에 의해 운반된다는 것이다. 앞서 파동은 슬릿을 통과할 때 자기 자신과 간섭한다는 것을 살펴보았다. 따라서 전자는 자신을 운반하는 파동의 간섭 줄무늬를 재현할 것이다.

우리 주위에 있는 모든 사물은 파동성을 갖는다는 결론을 내려야 할까? 아마도 아닐 것이다. 테니스공은 인접한 두 개의 슬릿을 동시에 통과하지 못한다. 사물의 크기가 클수록 그 물질파 파장은 줄어들고 파동성 역시 감소하기 때문이다.

영의 이중 슬릿 실험을 수행하려면 슬릿에서 회절이 발생해야 한다. 앞의 DVD 플레이어 사례에서 본 것처럼 슬릿의 폭이 파장이 통과할 수 있는 크기일 경우에만 가능하다. 전자의 물질파 파장은 이미 몇 나노미터밖에 되지 않는다. 이 크기의 슬릿을 만들기는 어렵지만 가능하다. 테니스공 같은 일상 용품들의 물질파 파장은 수십

억 배 작아서 회절 현상을 완전히 상쇄한다.

그러나 1999년 물리학자들은 테니스공 대신 60개의 탄소 원자로 이루어진 축구공 모양의 거대한 탄소 분자 구조인 풀러렌의 간섭무늬를 얻는 데 성공했다. 2020년에는 작은 단백질 분자가 영의 슬릿 통과에 성공했다. 기술적 진보의 속도에 발맞춰 양자 세계는 조금씩 커지고 있다.

예측할 수 없는 것을 예측하기

드브로이의 물질파 주장이 있고서 몇 년 후, 에르빈 슈뢰딩거Erwin Schrödinger는 물질파의 문제를 해결하고 입자 개념에서 완전히 해방되었다. 슈뢰딩거는 **파동 함수**, 즉 전자가 어디에서 발견될 수 있는지를 나타내는 확률 파동을 사용해서 전자를 설명했다. 전자의 위치를 측정하는 일은 일종의 주사위 게임과도 같다. 공간의 한 지점에서 전자를 발견할 가능성은 그 지점의 파동 함수의 값에 의해 주어지기 때문이다.[7] 무언가가 떠오르지 않는가? 1장에서 보았던 원자의 오비탈은 사실 핵에 묶여 있는 전자들의 파동 함수다.

이러한 전자 위치의 무작위 특성은 양자 물리학에게 모든 것이

---

[7] 실제로 파동 함수의 절댓값의 제곱은 전자가 특정 위치에 존재할 가능성을 결정한다. 1925년 막스 보른Max Born은 슈뢰딩거의 계산에서 자연스럽게 나타난 함숫값으로부터 물리학적으로 유의미한 결과를 도출했다.

예측 불가능하고 통제 불가능한, 애매모호한 이론이라는 인상을 준다. 그러나 다행히도 1925년 **슈뢰딩거 방정식**이 발표되면서 파동 함수의 형태와 진화를 완벽하게 예측할 수 있게 되었다. 슈뢰딩거의 파동 방정식은 어떤 면에서는 우리 세계의 물체가 이루는 궤적을 계산할 수 있게 해 주는 뉴턴 법칙의 양자적 등가물이다. 양자 물리학에서 입자의 궤적은 그 위치가 불확실하기 때문에 의미가 없다. 그렇지만 사람들이 바다에서 파도의 움직임을 예측하듯, 슈뢰딩거 방정식을 사용하면 파동 함수의 궤적을 계산할 수 있다(74쪽 그림 참조).

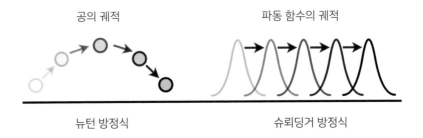

공의 궤적　　　　　　　　　　파동 함수의 궤적

뉴턴 방정식　　　　　　　　　　슈뢰딩거 방정식

　슈뢰딩거 방정식은 전자의 실제 경로에 대한 정보를 알려 주는 것이 아니라, 전자의 위치를 파악하는 매 순간마다 그 지점에 전자가 나타날 확률을 예측한다. 측정 결과는 완전히 무작위적이다. 그러나 이처럼 무작위한 현상의 확률을 아는 것은 매우 중요하다. 손에 든 카드의 확률을 잘 알고 있는 포커 플레이어라면 초보자에게 두어 판 패하더라도 장기전을 치른다면 항상 승리할 것이기 때문이다. 슈뢰딩거 방정식은 양자 입자들이 서로 어떻게 반응하는지를 예측해야 하는 화학자들에게 특히 훌륭한 계산 도구다.

입 다물고 계산이나 해!

슈뢰딩거 방정식은 제멋대로인 양자의 우연한 움직임을 어느 정도 따라갈 수 있게 해 주는 주목할 만한 업적이다. 그러나 슈뢰딩거 방정식에는 근본적인 의문이 남아 있다. 측정하기 전에는 어떤 일이 벌어질까? 입자의 위치는 이미 결정되어 있는데 단순히 관찰자가 파악하지 못하는 것일까, 아니면 실제로도 '불확정적'인 것일까?

오늘날의 지배적인 해석은 닐스 보어를 비롯한 양자 물리학의 여러 선구자들이 주장하는 코펜하겐 학파의 해석이다. 이 해석에 따르면 물체의 물리적 특성은 측정 전에는 실제로 불확정적인 것으로 간주되며, 관찰자가 측정하려는 순간 무작위 방식으로 갑자기 선택된다. 그래서 이 해석은 "입 다물고 계산이나 해!"라는 문장으로 요약되기도 한다. 양자 이론은 관찰된 현실을 완벽하게 예측하고 있음에도 불구하고, 관찰할 수 없는 것을 예측하고 이해하려 애쓰는 이유는 무엇일까? 코펜하겐 해석의 지지자들에게는 철학자에게나 맡겨야 하는 질문일 뿐이다.

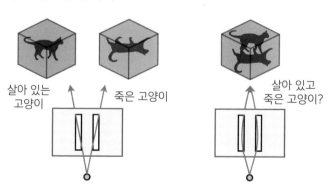

살아 있는 고양이   죽은 고양이   살아 있고 죽은 고양이?

코펜하겐 해석의 견해에 모두가 동의하지는 않았다. 슈뢰딩거는 양자적 불확정성이 얼마나 타당하지 않은지를 강조하기 위해서 1935년, 독극물 플라스크가 들어 있는 불투명한 상자에 고양이가 갇혀 있는 사고 실험을 제안했다. 영의 이중 슬릿 실험에서처럼 입자가 오른쪽 슬릿을 통과하면 독이 방출되고, 그렇지 않은 경우에는 독이 방출되지 않고 플라스크 안에 남아 있다고 가정해 보자. 입자가 동시에 두 슬릿을 통과하기 때문에 고양이는 살아 있는 동시에 죽은 상태라고 말할 수 있을까? 슈뢰딩거는 고양이가 살아 있는 동시에 죽었다는 것은 있을 수 없는 일이기에, 이러한 추론을 이끌어내는 양자적 불확정성은 말이 되지 않는다고 비판했다.

책의 후반부에서 우리는 이 역설이 오늘날에는 더 이상 사실이 아니라는 것을 확인할 것이다. 우리는 고양이와 같은 우리 세계의 물질들이 결 깨짐이라고 불리는 현상으로 인해 양자적 특성을 나타낼 수 없다는 것을 알고 있다. 슈뢰딩거의 고양이는 비록 양자 이론의 허점을 말하기 위해 제안되었지만, 양자 이론을 설명하는 완벽한 상징으로 남았다.

평행 우주

파동 함수가 불확정적인 상태를 나타낸다는 것을 인정하더라도, 코펜하겐 해석은 관측하는 순간에 어떤 일이 일어나는지에 관해 충분히 납득시키지 못한다. 한 지점에서 파동 함수가 급격히 감소하는 것은 슈뢰딩거 방정식으로 설명될 수 없다. 이것은 오늘날에도 여전히 해결되지 않은 문제다. 이 관측 문제를 설명하기 위해 다양한 해석들이 대안을 제시하고 있다.

그중 가장 획기적이면서도, 아마도 공상 과학 팬들이 가장 사랑하는 해석인 다중 세계에 대해 알아보자. 미국의 물리학자 휴 에버렛Hugh Everett이 1957년 논문에서 제안한 이 해석은 양자 세계를 관측할 때 관찰한 한 가지 결과를 제외한 다른 모든 결과가 평행 우주에서 발생한다고 가정한다. 관측할 때마다 평행 우주들은 다시 세분화하면서 무한한 가지들이 있는 다중 우주를 탄생시킨다. 어떤 우주에서는 전자가 왼쪽 슬릿을 통과하지만 또 다른 우주에서는 전자가 오른쪽 슬릿을 통과한다. 이러한 해석은 관측의 무작위성을 제거한다. 관측의 모든 결과가 동시에 '다른 우주' 안에서 일어나기 때문이다. 상당히 매력적인 주장이지만 다중 세계는 검증이 불가능하다는 인식론적인 결함을 가진다.

우리는 곧 이 관측 문제에 대한 아인슈타인의 또 다른 주장과 만나게 될 것이다. 불확정성이란 존재하지 않으며, 관측 결과를 미리 결정짓는 '숨겨진' 변수를 간과한 우리의 착각이라는 주장이다. 그러나 이번에는 아인슈타인이 틀렸다. 그의 주장은 실험실에서 완전히 무효화되었다.

SF 속 양자 물리학

에버렛의 다중 세계 해석은 수많은 소설의 기상천외한 시나리오에 영감을 주었다. 영화 〈어벤져스: 엔드게임〉(2019)에서 토니 스타크는 시간을 거슬러 올라가 인류의 절반이 사라진 과거를 되돌리려 한다. 특정 과거에서 그가 벌인 행동은 '그의 미래'에 반영되는 것이 아니라 재앙을 피할 수 있는 또 다른 세계에 반영된다. 양자 물리학을 직접적으로 언급하지는 않지만 〈엑스맨: 데이즈 오브 퓨처 패스트〉(2014)에서도 유사한 시나리오가 등장한다. 영화 〈어나더 어스〉(2011)에서는 평행 우주 중 하나가 인간의 눈에 갑자기 나타나 벌어지는 사건을 그린다.

벽을 통과하는 양자

요약하자면, 양자 물리학은 입자들이 정확히 국소화되어 있는 것이 아니라 파동 함수로 묘사되는 흩어진 영역에 분포되어 있다고 설명한다. 이미 이해하기가 어려운데, 그다음 단계는 혼란을 가중시킨다.

석고로 된 벽에 발사체를 던진다고 가정하자. 두 가지 시나리오가 가능하다. 발사체는 벽을 통과하거나 통과하지 못한다. 발사체가 테니스공이라면 벽에 부딪혀 튀어 오를 것이다. 충분한 에너지를 가지지 않기 때문이다. 그러나 총알은 벽을 관통해 구멍을 뚫을 것이다. 물론 벽의 두께도 고려해 봐야 한다. 만일 두께가 3미터라면 총알은 벽을 뚫지 못한다.

동일한 실험을 양자 세계에서 반복해 보자. 이번에는 나노미터

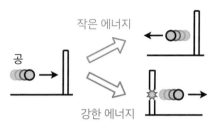

두께의 벽에 전자를 발사한다. 전자가 충분한 에너지를 가지고 있다면 대부분의 파동 함수는 총알처럼 벽을 통과하지만, 작은 부분은 벽에 튕겨 역방향으로 돌아간다. 즉 누군가가 전자의 위치를 파악하려 한다면, 전자는 벽의 양면에서 모두 나타날 수 있지만 벽을 통과해서 나타날 가능성이 더 높다.

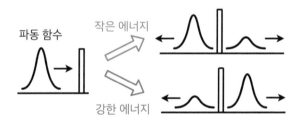

더 놀라운 결과가 있다. 테니스공처럼 전자가 충분한 에너지를 가지고 있지 않을 때는 어떤 일이 일어날까? 이때 파동 함수는 대부분 부딪혀 되돌아가지만, 일부는 해리 포터가 9와 4분의 3 승강장을 통과하듯이 벽을 통과한다. 이를 **터널 효과**라고 한다.

여기서 또 한 번 양자 세계가 갖는 불확정적인 특성이 놀라움을 선사한다. 관측 전에는 전자가 벽을 통과하는지 아니면 반동하는지

확실히 단정할 수 없다. 오히려 전자는 그 에너지와 벽의 두께에 따른 확률에 의해 동시에 통과하고 반동한다.

손끝의 양자 물리학

양자 물리학은 실험실에서만 목격할 수 있는 것이 아니다! 터널 효과는 집에서 물 한 잔으로도 쉽게 관찰할 수 있다. 물잔 위에서 바닥에 비춰진 빛이 유리에 반사되어 눈에 들어오는 순간을 찾아, 손가락으로 물잔의 옆면 유리를 지그시 눌러보자. 뚜렷하게 나타난 손가락 지문을 볼 수 있을 것이다.

손가락으로 유리잔을 누를 때 피부와 유리 사이의 공기층 두께는 줄어든다. 지문의 도드라진 부분과 부딪히는 공기층의 두께는 매우 얇기 때문에 광자는 터널 효과에 따라 공기층을 통과한다. 따라서 광자는 유리잔에 부딪혀 눈에 도달하지 못하고 손가락에 그대로 흡수돼 지문의 형태를 진하게 남긴다. 일부 지문 인식기도 이와 유사한 방식을 활용한다.

나노미터 영화 만들기

터널 효과는 우리 주변 어디에나 존재한다. 마이크로프로세서를 구성하는 트랜지스터 같은 수많은 전자 부품에도 관련되며, 무거워진 원자핵이 헬륨 핵을 방출하면서 양성자와 중성자 일부를 방출할 때 발생하는 알파 방사선의 원인이기도 하다. 헬륨 핵은 초기에 무거운 핵의 중심부에 갇혀 있다가 터널 효과로 인해 빠져 나온다.

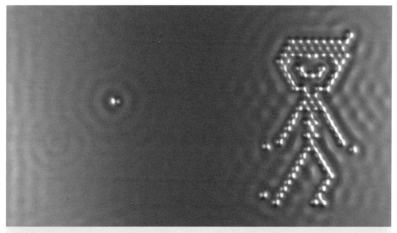

IBM이 제작한 영화 〈소년과 원자〉(2013)의 한 장면. 산소 원자들이 알갱이의 모습으로 나타난다.

출처: IBM

4장을 시작하며 소개한 바 있는 나노 크기의 영화 〈소년과 원자〉는, 현재까지 무한히 작은 것을 면밀히 조사할 수 있는 기능이 가장 뛰어난 도구 중 하나인 주사 터널링 현미경으로 촬영되었다. 휘황찬란한 컬러 영화를 기대하지는 마시라. 이러한 현미경은 원자를 '보여 주기'보다는 그것을 '지각'할 수 있게 하는 것에 가깝다. 시각 장애인이 손가락의 미세한 감각으로 점자를 읽어 내려가며 머릿속에 이미지를 그리는 것처럼, 표면에 나타나는 부조를 지도화하는 것이 핵심이다.

정교함을 느끼는 손가락 대신, 관찰 대상의 표본 위로 움직이는 매우 미세한 금속 탐침이 여기에 사용된다. 금속 탐침이 표면에 닿는 순간 그 끝부분은 파괴되므로 탐침과 표면 사이의 공기층을 지속적으로 유지해야만 한다. 공기층이 있어도 금속 탐침은 원자의 존재를 충분히 감지한다. 금속 탐침이 전하를 띄고 있어서 전자를 끌어당기기 때문이다(82쪽 그림 참조). 탐침이 표면에 닿지 않을 정도로 공기층이 충분히 얇으면 전자는 공기층을 통과하고 전류가 발생한다. 탐침이 표면에서 멀어질수록 수신되는 전류가 약해지므로 각 지점에서 표면의 높이를 매우 정확하게 파악할 수 있다.

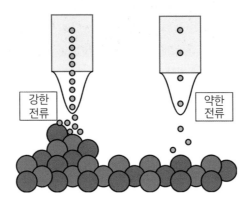

여기서 끝이 아니다. IBM이 촬영한 영상에서 원자는 동일한 금속 탐침에 의해 한 장면에서 다음 장면으로 이동한다. 전하를 이용하여 미세한 집게처럼 사용할 수 있는 금속 탐침은 개별 원자를 집어 원하는 곳으로 옮길 수 있도록 한다. 이 영상은 무한히 작은 것을 관측하고 조작하는 데 사용될 수 있는 특수 현미경의 활용법을 완벽하게 요약한다. 이 모든 것은 양자 입자의 놀라운 벽 통과 능력 덕분이다.

아주 작은 그랑프리

2017년 4월, 프랑스 툴루즈에서 새로운 장르의 그랑프리가 열렸다. 바로 '나노카 레이스NanoCar Race'다. 세계 각지의 권위 있는 다섯 개 나노카 레이싱 회사들이 금으로 만든 경기장 트랙에 모여 무려 133나노미터의 거리를 달렸다! 이 이례적인 경기의 관중이 적었던 이유는 아마도 혹독한 기온(섭씨 영하 269도) 때문이었을 것이다.

출처: NanoCar Race

경기에 참가한 나노카들은 시속 100나노미터(1년에 1밀리미터도 움직이지 않는다!)에 도달하면 터널 효과를 발휘하는 작은 분자들로 이루어져 있다. 실패를 맛본 참가자들도 있었다. 미국 팀의 나노카는 20나노미터를 달린 후 아무 이유 없이 방향을 바꿨고, 독일 팀은 나노카 두 대가 파괴됐다. 프랑스 팀 '툴루즈 나노모빌 클럽'의 나노카는 레이스 중에 트랙을 이탈해 경기를 포기해야만 했다. 툴루즈 나노모빌 클럽은 대신 '가장 아름다운 나노카상'을 수상했다(83쪽 그림 참조).

개념 요약: 파동 함수

알갱이 모습으로 상상되는 양자 입자는 공간의 어느 한곳에 정확히 위치하지 않는다. 양자 입자는 이러저러한 장소에 있을 확률을 나타내는 파동으로 설명되며, 파동은 슈뢰딩거 방정식을 따라 진화한다.

이러한 파동의 비국소화로 인해 양자 입자는 원칙적으로는 통과할 수 없는 장벽을 터널 효과로 통과할 수 있다. 터널 효과는 다양한 전자 부품에서 활용된다. 그러나 이러한 불확정성은 슈뢰딩거의 고양이 실험으로 설명되는 양자 역학의 해석을 둘러싼 열띤 논쟁을 계속 부추긴다.

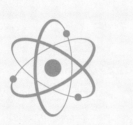

비밀스러운 소통

유선 전화기가 보편적이던 시절, 아이들은 옆방에서 몰래 수화기를 들고 대화를 엿듣는 장난을 치고는 했다. 다행히도 수화기 너머로 들리는 숨소리나 주변의 소음으로 전화를 엿듣는 범인을 잡을 수 있었다. 하지만 스파이의 첩보 활동은 그렇지 않다. 아무 흔적도 남기지 않고 통신을 도청할 수 있다.

비밀의 과학인 암호학은 두 차례의 세계대전 동안 핵심적인 역할을 한 이후 주요 연구 분야로 발전했다. 1980년대, 세계가 초연결 시대로 접어들면서 양자 물리학의 신비한 법칙이 그동안 범접할 수 없는 것으로 여겨지던 암호술을 위협할 수 있다는 사실이 드러났다. 이러한 위협에 대응하기 위해 양자 암호 알고리즘을 활용하는 기술도 점차 발전하기 시작했다.

암호 빼돌리기

신용 카드 번호가 그렇게나 많은 인터넷 사이트에 입력되어 있는데
도 그동안 해킹당하지 않은 이유가 궁금했던 적이 있는가? 다행히
도 웹상에 등록된 우리의 민감한 정보들은 매우 안전하게 처리되고
있다. 데이터가 전부 암호화되어 있기 때문에 해커들은 이에 쉽게
접근하지 못한다.

암호를 풀기 위해서는 어떻게든 '비밀 코드'를 해독해야 한다. 할
리우드 영화 속 장면들처럼 피아노를 치듯 키보드를 잠깐 두드리고
모니터에 뜬 숫자들을 스크롤하는 것만으로는 부족하다. 60년간 진
행된 암호 연구가 해커들의 작업을 더욱 복잡하고 어렵게 만들었기
때문이다. 오늘날 메시지를 암호화할 수 있는 방법은 매우 많다. 몇
가지 예를 구체적으로 설명하기 위해, 어린 시절부터 서로에게 비밀

메시지를 보내며 놀았던 아르튀르와 베르티유를 만나 보자.

두 사람이 어렸을 때 사용했던 방법 중 가장 간단한 암호 키는 특정 글자를 다른 글자로 바꿔 쓰는 것이다. 작은 종이 쪼가리에 적힌 암호의 규칙은 이렇다. A→W, B→J, C→E. 아르튀르는 베르티유에게 비밀 메시지를 보내기 위해서 우선 우편으로 암호 키의 사본을 전달한다. 그런 다음 아르튀르가 암호 규칙을 이용해 메시지를 암호화하면 베르티유는 암호 규칙을 반대로 적용해 메시지를 해독한다(W→A, J→B, E→C). 이것이 바로 **대칭 키 암호** 방식이다. 암호화와 복호화에 같은 암호 키를 쓰는 알고리즘이기 때문에 대칭 키 암호라고 부른다. 이 알고리즘의 가장 큰 단점은 스파이가 암호 키가 들어 있는 편지를 중간에 가로채면 아르튀르와 베르티유 모르게 모든 메시지를 해독하여 읽을 수 있다는 것이다.

비밀의 전쟁

아르튀르와 베르티유가 사용한 암호 키는 매우 단순하고 기초적이어서 메시지를 반복적으로 가로채면 꽤 쉽게 암호를 풀 수 있다. 예를 들어 메시지에 알파벳 K가 자주 반복되면 알파벳 E와 관련되어 있다고 추측하는 식이다. 군사 통신을 암호화하기 위해서 독일 나치군은 훨씬 복잡한 시스템인 '에니그마Enigma'라는 일종의 이중 키보드 타자기를 사용했다.

첫 번째 키보드에서 글자를 입력하면 두 번째 키보드에서 그것과 다른 글자가 입력된다. 에니그마의 가장 큰 장점은 암호 규칙을 계속해서 바꿔 버리는, 같은 글자를 연속으로 눌러도 각기 다른 글자가 입력되는 회전자

시스템이었다. 그러나 영국의 수학자 앨런 튜링Alan Turing은 에니그마의 결함을 알아챘다. 하나의 문자는 절대로 자신을 입력하지 않는다는 점에서 키에 대한 정보를 드러낸다는 것이었다. 이를 바탕으로 튜링은 나치의 암호를 해독할 수 있는 강력한 기계를 개발하는 데 성공한다. 이 기계는 연합군에게 승리를 안겨 주는 중요한 역할을 했지만, 튜링의 업적은 그가 사망한 지 한참 지난 1970년대까지 영국 당국에 의해 비밀로 유지되었다.

두 개의 키보드가 장착된 암호 기계 에니그마.

출처: Wikimedia Commons

손에 든 암호 키

대칭 키 암호의 단점을 보완하기 위해, 인터넷상에서 일어나는 대부분의 데이터 전송은 **비대칭 암호화** 방법을 활용한다. 두 개의 암호 키를 만들어 하나는 암호화, 나머지 하나는 복호화에 사용하는 방식이다. 이제 성인이 된 아르튀르와 베르티유는 이 방법을 이용해 메시지를 주고받는다. 아르튀르가 베르티유에게 메시지를 전달하기 전에, 베르티유는 우선 두 개의 암호 키를 만들어 복호화에 쓰이는 **개인 키**는 보관하고, 암호화에 쓰이는 **공개 키**를 아르튀르에게 보낸다. 아르튀르가 공개 키를 이용해 암호화한 메시지를 베르티유에게

| 아르튀르에게 공개 키를 전달하는 베르티유 | 공개 키로 암호화하는 아르튀르 | 개인 키로 해독하는 베르티유 |

보내면, 베르티유는 개인 키로 메시지를 해독한다.

이번에는 스파이가 공개 키가 들어 있는 편지를 가로채는 데 성공한다 하더라도 그다음 단계로 넘어가기가 쉽지 않다. 그가 획득한 암호 키는 암호화에만 쓰일 뿐 해독에는 아무 소용이 없기 때문이다! 따라서 두 사람의 은밀한 소통은 이론상 해킹을 피할 수 있다.

그러나 안타깝게도 이 프로토콜에도 결함은 존재한다. 두 개의 암호 키가 함께 생성되기 때문에 사실상 서로 독립적이지 않아서 개인 키를 추측할 수 있는 공개 키의 생성 과정을 추적할 수 있다. 다행스럽게도 우리의 은행 정보는 그 추적 과정에서도 해독이 거의 불가능하다. 오늘날 사용되는 공개 키에서 개인 키를 얻어 내려면 현재의 컴퓨터로는 풀 수 없는 극도로 복잡하고 어려운 수학 문제를 풀어야만 하기 때문이다. 그러니 기밀 보장은 '선험적'으로 가능하다.

일급 암호화 알고리즘

1977년 발명된 RSA 암호는 오늘날까지도 가장 많이 활용되는 비대칭 암호화 프로토콜이다. 공개 키와 개인 키는 두 개의 매우 큰 정수로 표시되며, 개인 키에 접근하기 위해서 스파이는 '공개 키 소인수 분해'에 성공해야 한다. 이것이 무엇을 의미하는지 간략히 살펴보자.

소수는 1과 자기 자신을 제외한 다른 정수의 곱으로는 쓸 수 없는 수이다. 가령 15는 3×5이므로 소수가 아니다. 그러나 3과 5는 소수다. 사실 모든 숫자는 소수들의 곱으로 나타낼 수 있다. 소인수 분해는 간단해 보이지만 매우 지루한 작업이다. 모든 소수를 금세 찾을 수 있는 효과적인 알고리즘이 없기 때문이다. 현존하는 가장 고성능 컴퓨터는 10억 분의 1초 만에 15를 소인수 분해하여 3과 5의 곱이라는 것을 계산하지만 100자리 숫자의 경우에는 한 시간 30분, 250자리 숫자의 경우에는 무려 2500년 이상의 시간이 걸린다! RSA 암호는 일반적으로 최소 615자리의 숫자를 암호 키로 사용하기 때문에 보안성이 매우 높다.

양자, 독이자 해독제

오늘날 민감한 데이터의 보안은 대부분 컴퓨터가 소인수 분해를 하는 것처럼 특정한 수학적 문제를 해결하는지 여부에 달려 있다. 이러한 문제를 어려움 없이 해결하는 새로운 유형의 컴퓨터가 구축된다면 어떤 일이 벌어질까? 은행, 의료, 정부, 군사 데이터까지 기밀 데이터 보안이 그 즉시 위험해질 것이다!

1980년대에 양자 정보 과학이 등장하면서 이러한 두려움은 현실이 되었다. 양자 기술의 선봉이자 앞으로 다룰 주제인 양자 컴퓨터는 이론적으로는 현재 우리의 기술로 풀 수 없는 문제를 해결할 수 있다. 따라서 데이터를 암호화할 수 있는 새로운 해결책을 빠르게 찾아야 할 필요성이 대두됐다. 악의를 품은 해커가 암호화된 데이터를 풀 수 있는 양자 컴퓨터가 손에 들어오기를 기다리며, 그때까지 기밀 정보들을 수집할 수 있지 않은가!

이러한 위협에 대응하기 위해서 **양자 암호** 분야는 양자 물리학을 바탕으로 결코 침범할 수 없는 암호화 알고리즘을 개발하기 위해 빠르게 발전해 왔다. 양자 암호는 양자 컴퓨터로부터 스스로를 보호하고, 스파이의 존재를 자동으로 감지하는 새롭고 더 안전한 통신 방법 개발을 목표로 한다.

양자 암호의 기본 아이디어는 하나의 키를 사용하는 대칭 키 암호 알고리즘으로 돌아가는 것이다. 따라서 핵심은 암호 키를 전달하는 단계에 있다. 이 단계에서 우리가 알지 못하는 사이에 아무도 접근할 수 없도록 해야 하기 때문이다. 여기서 양자 세계의 가장 놀라운 속성 중 하나, 즉 관측하는 순간 변화가 일어나는 속성이 빛을 발한다. 이전 장에서 보았던 전자의 움직임을 생각해 보자. 전자는 우리가 관측하려는 순간, 완전히 다른 움직임을 보인다!

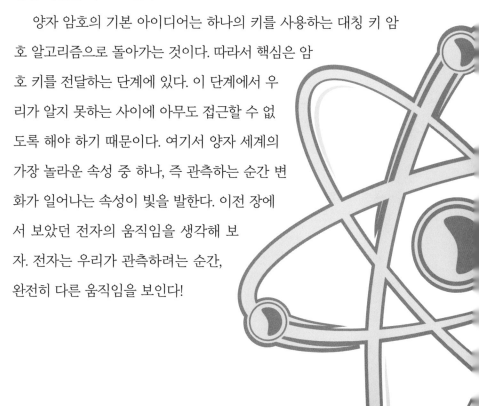

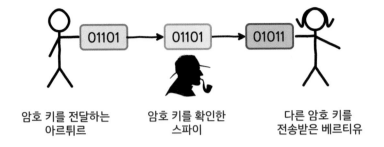

암호 키를 전달하는
아르튀르

암호 키를 확인한
스파이

다른 암호 키를
전송받은 베르티유

암호 키로 양자 시스템(예를 들면 전자)을 전송한다고 가정해 보자. 스파이가 중간에서 암호 키를 가로채 그것을 확인하는 순간 양자 시스템은 변형된다. 스파이가 접근했다는 숨길 수 없는 흔적이 남는 셈이다. 이 상황을 보다 자세히 이해하기 위해서, 우리가 이제까지 수차례 언급했지만 그 이름은 이야기하지 않은 양자 물질의 유명한 속성을 소개하는 시간을 가져 보자.

정리의 이중성

통찰력이 있는 독자라면 스파이가 시스템의 사본을 만든 다음, 원본은 그대로 두고 사본을 살펴보는 방법을 제안할 수도 있을 것이다. 다만 이 방법은 양자 물리학의 법칙에 따르면 불가능하다. 미지의 양자 시스템을 똑같이 복제할 수 없기 때문이다. 복제하기 위해서는 시스템의 상태를 확인해야 하는데, 확인하는 순간 시스템은 완전히 바뀌어 버린다!

복제 불가능성 정리는 양자 암호 알고리즘의 신뢰성을 보장하지만, 정보를 전달하기 위한 신호 증폭기를 구축하는 일에서는 과제를 더욱 복잡하게 만든다. 이는 양자 정보가 항상 보존되어야 한다고 주장하는 더 일반적인 법칙과 관련되어 있다. 라부아지에Antoine Laurent Lavoisier가 주장했듯이, 잃은 것도 생성된 것도 없이 모든 것은 그저 변화할 뿐이다!

앞면과 뒷면의 중첩 상태

주머니에서 동전을 꺼내 손으로 튕겨 던져 보자. 동전에는 앞면과 뒷면, 정확히 두 개로 나누어진 면이 존재하며 누가 동전을 조작하지 않은 이상 앞면과 뒷면이 나올 확률은 동일하다. 그런데 만일 동전이 공중에 떠 있는 동안, 또는 동전을 던지기 전의 상태가 어떠한지 묻는다면 어떻게 대답할 수 있을까? 이 질문의 타당성에 의문을 제기할 수도 있겠지만, 자신의 시스템에 이름 붙이기를 좋아하는 물리학자라면 동전은 앞면과 뒷면이 **중첩**된 상태, 즉 '앞면 + 뒷면'의 상태라고 대답할 것이다. 이러한 명칭은 동전의 상태가 아직 고정되지 않았으며, 관측이 이루어질 때 한 상태가 나타날 확률만큼 또 다른 상태도 나타날 수 있음을 의미한다. 그렇다면 과연 두 상태가 더해진 것(+)은 무엇을 의미할까?

동전의 경우를 생각해 보자면 '앞면+뒷면'은 앞면 또는 뒷면을 의미한다. 그러나 양자 중첩은 이보다 더 미묘하다. 영의 이중 슬릿을 통과하는 전자를 다시 생각해 보자(4장 참조). 두 개의 슬릿 앞에 탐지기를 배치하면, 전자가 왼쪽 또는 오른쪽 슬릿을 동일한 확률로 통과하는 모습을 관측할 수 있다. 동전 비유에서 유추하자면, 전자의 상태는 '왼쪽+오른쪽'이라고 표현할 수 있다. 다만 여기서는 스크린에 나타나는 간섭 현상이 전자가 왼쪽 슬릿과 오른쪽 슬릿을 동시에 통과했다는 사실을 반영한다. 간섭을 일으키는 것은 이 두 가지 가능한 경로 사이의 상호 작용이다.

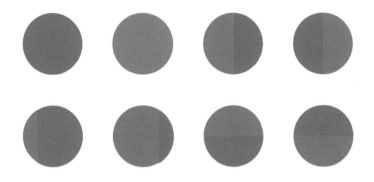

따라서 양자 중첩은 '또는'이 아닌 '그리고'로 해석하여 전자는 오른쪽 슬릿, '그리고' 왼쪽 슬릿을 통과한다고 말하는 편이 더 옳은 듯하다. 그러나 안타깝게도 이 해석 역시 충분하지 않다. 이번에는 푸른색과 붉은색의 중첩 상태에 있을 수 있는 광자를 상상해 보자. 이처럼 두 색상을 띄는 광자는 2016년 한 실험실에서 만들어졌다. 광자가 푸른색인 동시에 붉은색이라고 말하면, 우리는 양자 체계를 정의하는 두 가지 핵심 정보를 잃는다(96쪽 그림 참조).

- 각 색이 나타날 '확률'(각 색깔이 차지하는 면적) : '푸른색＋붉은색'의 상태에서는 관측 중에 두 색이 나타날 확률이 동일하지만, 그림에서 보듯이 붉은색이 두 배 더 많은 형태 역시 생각해 볼 수 있다.
- 원에 나타난 색깔의 '방향' : 이 개념은 설명하기가 좀 더 까다롭지만, 광자가 다른 양자 시스템과 상호 작용하는 방식에서 결정적이다.

중첩 상태를 관측한 결과는 예측할 수 없지만 이 두 정보의 양은 알 수 있으며, 이를 통해 수많은 유사 상황에서 평균적으로 나타날 값을 예측할 수 있다. 관측이 이루어지는 순간 중첩 상태는 깨진다. 즉 광자가 푸른색 상태로 관측되면 두 번째 관측 결과도 동일하게 나타날 것이다.

중첩 현상은 복잡한 개념으로, 우리 주변에는 이에 상응하는 개념이 없다는 사실을 유념해야 한다. '또는'도 '그리고'도 아닌, 인간의 언어가 표현할 수 있는 범위를 벗어나는 개념이다.

스파이 정체 밝히기

중첩된 양자 상태는 완전히 예측할 수 없는 방식으로 상태를 '선택'하고, 관측된 이후부터는 그 상태를 유지하는 취약한 시스템이다. 따라서 중첩된 양자 상태로 코드를 전송하면, 메시지를 읽는 순간 내용을 수정함으로써 스파이의 존재를 쉽게 식별할 수 있다. 이것이 바로 큰 틀에서 요약한 양자 암호학의 기본 원리다.

양자 암호학은 상업 분야에서 이미 활용되고 있다. 양자 컴퓨터의 위협을 꽤나 심각하게 받아들이고 있는 한국에서는 이미 양자 암호학을 통해 민감한 데이터를 보호하기 위한 광범위한 작업을 시작해, 전국 18개 정부 기관을 연결하는 첫 번째 계획을 2022년부터 진행하여 2035년까지 국가의 암호 체계를 양자내성암호로 전환하는 것을 목표로 하고 있다. 양자 암호학은 병원 간 의료 데이터 통합, 정부 부처 간 기밀 정보 교환, 철저한 보안이 필요한 선거 조직

등에서 대규모로 적용될 것을 목표로 한다.

유일한 문제는 광섬유만을 통해서는 장거리 양자 시스템 전송이 불가능하다는 점이다. 이를 달성하기 위해서는 '양자 인터넷' 구축이 필요한데, 이에 대해서는 다음 장에서 자세히 살펴보도록 하겠다. 양자 암호 알고리즘이 실제로 어떻게 생겼는지 알고 이해할 준비가 되었다면, 가장 유명한 양자 키 전송 방법인 BB84 프로토콜을 철저히 분석해 볼 것을 제안한다. 그러나 이를 원하지 않는다면 주저 말고 다음 장으로 넘어가도록 하자.

SF 속 양자 물리학

영화 〈평행이론: 도플갱어 살인〉(2013)에서는 오랜만에 모인 친구들이 즐거운 저녁 식사 시간을 보내던 중 초자연적인 사건이 발생한다. 주인공들은 자신들이 분리되어 또 하나의 그들이 유사한 저녁을 갖는 모습을 발견하고, 이후 이들은 두 현실 중 하나를 파괴시킬 수 있는 결 깨짐을 피하기 위해 사력을 다한다.

해킹할 수 없는 암호 키

1984년 찰스 베넷Charles Bennett과 질 브라사르Gilles Brassard가 고안한 BB84 프로토콜은 암호화된 키를 안전하게 전송하는 것을 목표로 한다. 이 프로토콜은 광자의 편광에 기반을 두고 있다. 기술적인 부분을 세세히 살펴볼 필요는 없다. 그저 광자의 편광을 광자가 동 →,

서 ←, 남 ↓, 북 ↑의 네 방향을 갖는 광자가 운반하는 작은 나침반이라고 상상해 보자.

광자의 편광을 측정하기 위해서는 두 대의 측정기가 사용된다. 첫 번째 측정기는 편광의 남북 방향 ↕을 측정하며 광자의 방향이 ↓을 향하면 0, ↑을 향하면 1을 나타낸다. 두 번째 측정기는 편광의 동서 방향 ↔을 측정하며 광자가 ←을 향하면 0, →을 향하면 1을 나타낸다. 만일 남북 측정기 ↕로 → 방향으로 향하는 광자를 측정하면 어떻게 될까? 이는 동쪽이 북쪽에 더 가까운지, 남쪽에 더 가까운지를 묻는 것과 같다. 명확한 답은 없다. 실제로 광자가 →을 향하는 상태에 있을 때 광자는 ↑+↓의 중첩 상태이기 때문에, 남북 측정기 ↕에서 0 또는 1의 값이 나올 확률은 50퍼센트다.

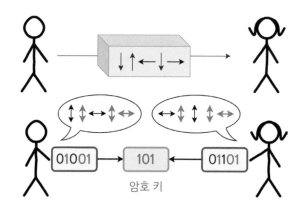

암호 키

자, 베르티유에게 암호 키를 전달하려는 아르튀르를 다시 만나 보자. 아르튀르에게는 여러 개의 광자가 있는데 우선 다섯 개로 시작해 보자. 남북 측정기 ↕ 또는 동서 측정기 ↔를 무작위로 선택하여 각 광자의 편광을 측정하고 그 결과를 기록한다. 그런 다음 베르티유에게 광자를 보내서 자신과 같은 방식으로 광자의 편광을 측정하도록 한다. 베르티유가 각 광자를 아르튀르와 동일한 측정기로 관찰하면 아르튀르와 동일한 결과를 얻지만, 다른 측정기로 관찰한다면 해당 광자의 편광에 대해 동일한 결과를 얻을 수 있는 확률은 50퍼센트에 머문다.

이렇게 광자의 편광을 측정하고 나서 두 사람은 각자가 사용했던 측정기를 전달한다. 동일한 결과만을 저장하기 위해 동일한 측정기의 비트만 유지한다(99쪽 그림의 파란색). 확보된 결과를 통해 두 사람은 완벽하게 보안된 암호 키를 얻게 되고, 메시지를 암호화하고 복호화하는 데 그것을 사용할 수 있다. 그림에서 암호 키는 세 자릿수(101)이지만 실제 응용 프로그램에서는 원하는 만큼 자릿수를 늘일 수 있다.

둘의 암호 키를 중간에서 아무도 가로채지 않았다는 것을 확인하려면, 두 사람이 암호 키의 절반만 공개해서 숫자가 일치하는지 확인하기만 하면 된다. 실제로 광자가 베르티유에게 도달하기 전에 스파이가 그 광자에 접근해서 측정하려고 한다면, 스파이는 두 번에 한 번 꼴로 잘못된 측정기를 만들고 광자의 상태를 수정해서 불일치를 일으킬 것이다. 이미 광자가 전달된 후에 사용된 측정기 목록을 확보하더라도 스파이는 아무것도 얻을 수 없을 것이다.

개념 요약: 중첩

양자 물리학에서 양자의 상태는 중첩 상태로 표현된다. 이는 관측되기 전까지 상태는 불확정적이며, 관측이 이루어질 때 가능한 상태 중 하나가 선택된다는 것을 의미한다.

양자 암호는 중첩이 측정에 취약하다는 점을 이용하여 잠재된 스파이의 존재를 자동으로 식별할 수 있는, 보안성이 매우 강력한 프로토콜을 제공한다.

정보의
순간 이동

1969년, 미국 캘리포니아대학 로스앤젤레스 캠퍼스에 다니던 한 학생이 500킬로미터 떨어진 스탠퍼드대학 연구소로 컴퓨터 통신망을 이용한 최초의 메시지 "LOGIN"을 전송했다. 앞의 두 글자가 전송되고 마지막 세 글자가 최종적으로 목적지에 도착하기까지 한 시간이 소요됐지만, 이 역사적인 사건은 인터넷의 기원인 '아르파넷ARPANET'의 탄생을 알렸다. 2017년 중국과학기술대학의 판젠웨이潘建伟 교수 연구 팀은 위성을 통해 1400킬로미터 떨어진 실험실에 '얽힌' 광자 두 개를 전송했다. 원거리에서 전달한 최초의 '양자 메시지'다.

1990년대부터 구상되기 시작한 양자 인터넷은 이러한 노력들 덕분에 결실을 맺고 있다. 양자 인터넷은 매우 보안성이 높은 통신을 구축하거나, 오랫동안 기다려 온 양자 컴퓨터에 원격으로 접속하기 위해서 양자 정보를 전달하는 역할을 할 것이다.

우연의 일치일까, 상관관계일까

1979년 2월, 제임스 스프링어와 제임스 루이스의 신기한 만남이 이루어졌다. 당시 39세였던 두 사람은 일란성 쌍둥이로 태어난 지 얼마 지나지 않아 서로 다른 가정에 입양되어 평생 떨어져 살아왔다. 그러나 이들의 삶의 궤적은 믿기 힘들 정도로 유사했다.

둘은 각각 래리라는 이름의 양형제와 반려견 토이와 함께 자랐고, 린다라는 이름의 여성과 결혼했으며, 베티라는 이름을 가진 여성과 재혼했다. 첫째 아들의 이름은 각각 제임스 앨런 스프링어, 제임스 앨런 루이스였다. 두 사람 모두 경찰이었고, 플로리다 해변에서 보내는 휴가를 좋아했으며, 쉐보레 자동차를 타고 다녔다.

이러한 비현실적인 우연의 일치에는 아마도 유전이 한몫했을 것이기 때문에, 두 사람의 이야기가 세상에 소개되어 유명해진 후부터는 쌍둥이를 대상으로 한 수많은 연구가 이루어졌다. 물론 우연이라는 것이 가장 주된 설명이었고, 두 사람 사이에 초자연적인 연결이 있으리라는 어떤 근거도 없었다.

그러나 양자 물리학에서는 비슷한 운명을 가진 입자가 흔하며, 이 현상은 우연의 일치에 해당하지 않는다. 두 개의 동전을 차례로 던져 보자. 앞면을 P, 뒷면을 F라고 하면 FF, PP, FP, PF라는 네 가지 결과가 가능하다. 일상생활에서 이 네 가지 결과는 각각 25퍼센트의 발생 확률을 동일하게 갖는다. 그러나 양자 세계에서는 네 가지 결과 중 두 가지만 얻을 수 있도록, 예를 들면 FF 또는 PP라는 결과만 나오고 다른 두 결과는 나오지 않도록 동전을 위조할 수 있다! 두 번째로 던진 동전이 측정된 상태는 먼저 던진 동전의 상태와 완벽한 '상관관계'를 이루기 때문에, 처음 던진 동전의 결과를 알면 두 번째 동전의 결과가 무엇일지 확실하게 알 수 있다. 우리는 이럴 때 두 동전의 상태가 서로 '얽혀' 있다고 말한다.

임의의 두 물질 또는 두 요소가 상관관계에 있다는 사실 자체는 드문 일이 아니다. 주식 시세는 모든 종류의 경제 상황에 영향을 받는다. 동전과 양자 물질의 경우에서 놀라운 점은, 한 요소가 어떻게 다른 요소에게 영향을 미치는지가 불분명하다는 점이다. 그러나 학계 일부에서는 오랫동안 얽힘 현상이 양자 물리학 방정식에 의해 잘 예측되는 인공적인 것이며, 심지어는 이론의 '오류'라고 매도하기도 했다.

얽힘의 50가지 그림자

어떻게 입자들을 조작할 수 있을까? 일반적인 방법은 광자를 비선형 결정체에 통과시켜 낮은 진동수를 갖는 두 개의 광자로 나누는 것이다(최초 에너지를 보존하기 위함이다). 두 쌍둥이 광자는 제임스 형제처럼 둘 사이의 연결 고리를 유지한다.

얽힘은 양자적 속성 사이에 나타나는 상관관계일 뿐이며 드문 일이 아니다. 모든 종류의 시스템은 다소 강하게 얽혀 있을 수 있다. 분자를 둘러싼 전자는 원자핵의 위치가 전자들의 위치에 영향을 미치기 때문에 원자핵과 자연스럽게 얽혀 있다. 인위적으로 두 입자를 얽히게 하기 위해서는 일반적으로 상호 작용하도록 만들기만 하면 된다. 이 상호 작용은 입자 속성 간의 다소 강한 상관관계의 형태로 나타난다.

텔레파시 장갑

아인슈타인은 얽힘 현상에 대해 회의적이었다. 그는 한 양자 시스템이 거리에 관계없이 다른 양자 시스템의 상태에 즉각적인 영향을 미칠 수 있다는 주장을 받아들이지 않았다. 이는 신호가 무한한 속도로 이동한다는 것을 가정하므로, 어떤 정보도 빛보다 빨리 이동할 수 없다는 아인슈타인의 상대성 이론과 모순되기 때문이었다. 짧은 시간 안에 충분히 가까운 거리의 물체들만이 영향을 주고받을 수 있다는 이 원리를 국소성 원리라고 부른다.

아인슈타인에게 이러한 모순은 극복할 수 없는 것으로 여겨졌기 때문에 그는 얽힘 현상의 비현실성을 "유령 같은 원격 작용"이라고 강조하면서 폄훼했다. 아인슈타인에 따르면, 만일 두 시스템 사이에 상관관계가 있다면 그것은 반드시 측정 전에 존재했던 것이다. 자신의 관점을 옹호하기 위하여 아인슈타인은 1935년에 그의 두 보조 연구원 보리스 포돌스키Boris Podolsky와 네이선 로젠Nathan Rosen과 함께 오늘날 **EPR 역설**이라 불리는, 세 저자의 이름을 딴 사고 실험을 발표했다.

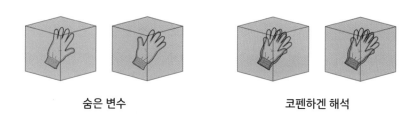

숨은 변수   코펜하겐 해석

이 사고 실험을 요약하자면 다음과 같다. 장갑 한 켤레를 구매해서 시드니에 사는 아버지에게는 왼쪽 장갑을, 뉴욕에 사는 어머니에게는 오른쪽 장갑을 보낸다. 소포를 열어 보기 전까지 아버지는 어느 쪽 장갑을 받았는지 모른다. 그러나 아버지가 마침내 소포를 열어 왼쪽 장갑을 확인하면 어머니가 오른쪽 장갑을 받았다는 사실을 알게 되고, 어머니 역시 같은 과정을 겪는다. 동전 던지기와 마찬가지로 이 상관관계는 완벽하다.

아인슈타인에게 양자 입자의 속성 물질 성질 사이의 상관관계는 장갑과 유사하다. 준비된 시스템의 방식에서 상관관계가 비롯되기 때문이다. 이 상관관계는 측정되기 전까지는 숨겨져 있지만 처음부터 존재하고 있으며, 측정은 단지 그것을 드러낼 뿐이다. 이에 따라 아인슈타인은 우리가 접근하지 못하지만 측정 결과를 미리 결정하는 **숨은 변수**라는 존재를 제안했다.

그의 주장은 앞에서 살펴보았던 **코펜하겐 해석**과 대립한다. 코펜하겐 해석에 따르면 양자 시스템의 상태는 관찰되는 순간에만 '결정'되기 때문이다. 이 해석을 장갑 실험에 적용해 본다면 아버지가 소포를 개봉하는 그 순간에 장갑은 왼손용으로, 또 어머니가 소포를 개봉하는 그 순간에 오른손용으로 모양이 결정되는 셈이다.

이 풍자적인 예에서 코펜하겐 해석은 당연히 불합리해 보인다. 장갑의 모양이 그렇게 변형될 수는 없기 때문이다. 그러나 소포를 개봉하기 전에 장갑이 어떤 모양인지, 어떤 상태인지 알 수 없기 때문에 아버지는 코펜하겐 해석을 제거할 방법이 없다.

그림자처럼 지나가기

특수 상대성 이론의 법칙을 거스르지 않고 빛 속도를 초과할 수 있을까? 가능하다. 지구에서 달 전체를 밝힐 수 있을 만큼 강력한 조명이 있다면 말이다. 조명 앞에 손을 갖다 대고 흔들기만 하면 된다. 손의 움직임이 충분히 빠르다면 손 그림자는 빛보다 빨리 움직여 순식간에 달 표면에 다다를 것이다!

달에 살고 있는 두 사람이 이 그림자를 사용하여(예를 들어 그림자로 모스 부호를 보낸다면) 빛보다 빠르게 소통할 수 있을까? 아쉽지만 그럴 수는 없다. 그림자를 만드는 것은 바로 당신의 손이기 때문에, 두 사람은 먼저 당신에게 메시지를 보내야 한다. 특수 상대성 이론은 그대로 유지되는 셈이다. 그림자는 정보나 입자가 아니라 그저 빛의 부재일뿐이기 때문에, 그림자가 빛보다 빨리 움직이는 것을 배제할 수는 없다.

미래는 정해져 있을까?

EPR 역설 외에도 아인슈타인이 코펜하겐 해석에 반대한 근본적인 이유에는 두 가지 철학적 근거가 있다.

우선 아인슈타인은 양자적 우연성이라는 개념을 부정했다. 아인슈타인에게 모든 현상은 다소 복잡한 인과적 사슬로 설명될 수 있다. 동전 던지기의 결과가 '무작위'라고 말하는 것은 틀렸으며, 이는 인과적 사슬에 관한 우리의 무지에서 비롯된다. 만일 동전이 던져지는 순간의 위치, 방향, 속도를 완벽하게 측정할 수 있는 장치를 실제로 갖고 있다면 뉴턴의 운동 법칙에 근거하여 시간의 흐름에 따라 동전이 움직이는 정확한 궤적을 파악해 동전 던지기의 결과를 완벽히 예측할 수 있을 것이다.

일반적으로 우리 세계에서 일어나는 현상들은 대개 고전 물리학의 법칙으로 어느 정도 쉽게 예측될 수 있다. 행성의 움직임 같은 일부 현상은 수천 년에 걸쳐 예측할 수 있지만, 날씨처럼 혼란스러운 현상은 변화 양상을 예측하기 위해 특정 순간의 상태를 매우 정확히 알아야만 하기 때문에 예측하기가 더욱 어렵다. 그러나 만약 우리에게 무한한 계산 능력이 있고 주어진 순간에 세계의 상태를 완벽하게 알 수 있다면, 원칙적으로는 이후의 어떤 순간의 상태든 정확히 예측할 수 있다. 이렇게 우리를 둘러싼 세계는 이미 결정되어 있다고 주장하는 이론을 **결정론**이라고 한다.

아인슈타인에 따르면, 양자적 '우연'은 동전 던지기와 마찬가지로 숨은 변수에 대한 우리의 무지와 관련되어 있으므로, 숨은 변수를 이해한다면 양자 이론에서 결정론을 복원할 수 있을 것이다.

아인슈타인은 코펜하겐 해석에서 측정할 때의 관찰자 역할에 대해서도 비판한다. 코펜하겐 해석에서 관찰자는 매우 특별한 지위를 갖는다. 수차례 앞에서 본 것처럼, 관찰자의 측정은 양자 시스템의 상태에 영향을 미친다. 관찰자의 주관성이 양자 이론에 개입하게 되는 셈이다. 즉각적인 작용, 우연, 주관성이 물리학의 새로운 원칙으로 언급된다는 것을 받아들일 수 없었던 아인슈타인은 결국 자신이 발견을 도왔던 이론의 지지자들과 결별했다.

주사위는 (다시) 던져졌다

양자적 우연에 대한 아인슈타인의 불신은 "신은 우주와 주사위 놀이를 하지 않는다"라는 유명한 문장으로 구체화되었다. 이 말은 종종 잘못 해석되고는 하는데, 이는 양자 이론을 부정하는 것이 아니라 고전 물리학처럼 결정론적이고 객관적이어야 한다는 그의 의지를 표현한 것이다. 보어와 아인슈타인의 격렬했던 논쟁은(보어는 특히 "신에게 이래라저래라 하지 말라"라며 반박했다) 이 주제에 대해 결정적인 의견을 제시하지 못하는 과학계의 어려운 입장을 보여 준다.

철학적으로 논쟁은 매우 중요하다. 아인슈타인이 열망했던 절대적인 결정론은 '자유 의지'에 대한 여지를 주지 않는다. 아인슈타인조차 그것을 믿지 않았다. 만일 우주의 진화를 분명하게 예측할 수 있다면, 우리는 태어나는 순간부터 정해진 한 인간으로서의 모든 운명을 예측할 수 있을 것이다. 비록 아직 어떤 연관성도 과학적으로 확립되지 않았지만, 양자적 우연은 가능한 자유 의지에 찬성하여 이 인과 관계 사슬을 끊는 것일 수도 있다.[8]

---

[8] 사실은 양자적 우연 없이도 자유 의지를 주장할 수 있다. 일주일 동안의 날씨 변화를 예측하기란 이미 어려운 일이다. 영국의 과학 철학자 칼 포퍼Karl Popper의 《열린 우주》(1984)에 따르면 우주 전체의 진화를 예측하는 일은 근본적으로 불가능하다.

벨의 기발함

아인슈타인과 보어의 해석 중 어느 쪽이 옳은지를 어떻게 결정할 수 있을까? 두 물리학자가 세상을 떠나고 1964년이 되어서야 이 문제를 해결할 수 있는 한 검증이 제안되었다.

EPR 역설을 숙고하기 위해서 안식년을 얻은 영국의 수학자 존 스튜어트 벨John Stewart Bell은 아인슈타인과 보어의 해석이 서로 다른 결과를 초래했던 장갑 사고 실험보다 조금 더 복잡한 상황을 고안하기로 했다. 이를 위해서는 얽힌 입자들의 위치와 속도 같은 두 가지 특성의 상관관계를 동시에 연구해야 했다.

벨은 상관관계가 특정 값보다 작으면 숨은 변수 이론이 틀리므로 코펜하겐 해석을 인정해야 한다는 것을 보여 주었다. 그가 세운 정리는 철학적 논쟁에 국한되어 있던 물리학에서의 결정론을 검증 가능한 영역으로 끌어올렸다. 프랑스 물리학자 알랭 아스페Alain Aspect는 1980년부터 1982년 사이에 실험을 수행해 사실상 아인슈타인의 해석을 무효화시켰다. 유령 같은 원격 작용은 실제로 일어나고 있는 듯했다.

그러나 불행히도 벨의 검증을 간단한 용어로 설명하기란 쉽지 않다. 1990년대 초, 루시언 하디Lucien Hardy는 아인슈타인과 보어의 이론 사이의 모순을 더 명확하게 보여 주는 실험을 제안했다. 이 장의 마지막에서 살펴볼 이 실험에서 우리는 양자 물질이 장갑처럼 행동하지 않는다는 증거를 확인할 수 있다.

SF 속 양자 물리학

양자 얽힘은 그 특별한 성질 때문에 공상 과학 작가들에게 많은 영감을 주었다. 이를 활용해 빛보다 빠르게 소통할 수 있을까? 중국 소설가 류츠신의 장편 공상 과학 소설 《삼체》(2008)는 바로 이 가능성을 중심 소재로 삼았다. 지구를 침략하기 위해 외계인들은 '지능적인' 얽힌 입자 쌍을 만들어, 하나는 지구로 보내고 나머지 하나는 자신들이 보관한다. 외계인들은 이 얽힌 입자 쌍을 통해 4광년이나 떨어진 거리에서 인간을 감시한다.

우리로서는 다행스럽게도 이런 형태의 의사소통은 양자 물리학의 무작위성 때문에 불가능하다. 장갑 사고 실험을 다시 생각해 보자. 아버지가 소포를 열면 그 즉시 어머니가 받은 장갑을 알 수 있지만, 그렇다고 해서 아버지가 이 장갑들을 통해 어머니에게 메시지를 전달할 수 있을까? 그렇지 않다. 아버지는 어머니가 받을 장갑을 '선택'할 수 없기 때문이다. 아버지는 단지 소포를 연 후에 어머니의 장갑을 알 수 있을 뿐이다.

신호 속 잡음

앞선 논의가 다소 혼란스러웠다면 안심하라. 보어와 아인슈타인과 동료 학자들 역시 마찬가지였다. 이제 조금 더 실제적인 이야기로 돌아가 보자. 6장을 시작하면서 언급했던 양자 인터넷과 얽힘 사이에는 어떤 관계가 있을까?

인터넷에서 동영상을 재생하면 수십억 개의 광자가 광섬유를 통해 인터넷 서버로부터 와이파이 공유기까지 빛의 속도로 정보를 전파한다. 그러나 다른 모든 전송 채널에서와 마찬가지로 신호는 전파될수록 약해진다. 약해지는 신호를 보완하기 위해서는 **중계기**라는 신호 증폭기를 일정하게 배치해야 한다.

양자 통신의 경우 신호는 훨씬 더 약하다. 광자는 작은 패킷으로 전송된다. 초당 1000개의 광자를 500킬로미터 길이 광섬유에 전송한다면 4년마다 한 개의 광자만이 수신될 것이다! 따라서 신호 증폭은 매우 중요하다. 신호를 증폭하려면 광자의 상태를 측정하여 동일한 상태의 다른 광자를 생성해야 하는데, 이는 양자 물리학 법칙에서는 엄격히 금지된다. 복제 불가능성 정리에 따라 알려지지 않은 양자 시스템을 동일하게 복제하는 일이 불가능하기 때문이다(5장 참조). 이 정리는 양자 암호 프로토콜의 신뢰성은 보장하지만, 양자 인터넷의 핵심 장애물이기도 하다. 중계기가 없으면 대륙 간 통신을 목표로 하기란 어렵다.

한 가지 해결책은 판젠웨이의 업적에서 소개한 것처럼 우주에서 일어나는 소통을 기반으로 하는 것이다. 그러나 여전히 수많은 도전 과제가 남아 있다. 악천후가 발생하기라도 하면 전송이 안 될 수도 있기 때문이다. 장기적으로 실행 가능한 또 다른 방법은 **양자 순간 이동**을 이용하는 것이다.

양자 워키토키

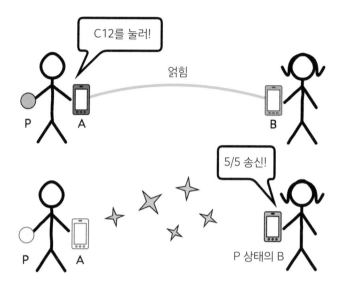

아르튀르는 양자선을 직접 구축하기에는 너무 멀리 살고 있는 베르티유에게, 예를 들어 P입자의 상태에 대한 메시지를 안전하게 전달하려 한다. 한 가지 방법은 두 개의 얽힌 입자 A와 B를 만든 다음 첫 번째 입자는 아르튀르가, 두 번째 입자는 베르티유가 갖는 것이다. 이 입자들은 마치 조금 특수한 워키토키처럼 작동하여 P입자의 상태를 A에서 B로 순간 이동시킬 수 있다.

순간 이동을 위해서 아르튀르는 P입자가 자신의 워키토키 A와 상호 작용하도록 하여 자신의 '메시지를 녹음'한다. 따라서 메시지 P는 B로 순간 이동된다. 그러나 베르티유의 워키토키에는 라벨이 부착되지 않은 여러 개의 버튼이 있어서 메시지를 '듣기' 위해 어떤 버튼을 눌러야 하는지 알 수 없다. 버튼은 P와 A 사이의 상호 작용에 따라 결정되기 때문에 오직 아르튀르만이 알고 있다. 아르튀르는 베르티유에게 전화를 걸어 오른쪽 버튼을 누르면 B는 P의 양자 상태에 놓이지만, 이 둘은 결코 상호 작용한 적이 없다는 사실을 알려 주어야 한다. '순간 이동'이라는 이름에도 불구하고 이 프로토콜은 빛보다 빠른 통신을 허용하지 않는다. 베르티유가 메시지를 수신하기 위해서는 고전적인 통신 채널을 통해 아르튀르가 베르티유에게 정보를 전송해야 하기 때문이다.

그러나 순간 이동에는 흥미로운 부분이 숨어 있다. 바로 프로토콜의 효율성은 아르튀르와 베르티유 사이의 거리와 관계없다는 점이다. 따라서 이론적으로는 원하는 만큼 긴 양자 통신 링크를 생성할 수 있다. 다만 근본적인 문제가 해결되지 않은 채로 남는다. 이 프로토콜이 작동하기 위해서는 얽혀 있는 입자 A와 B를 더 먼 거리로 전달하여 통신 링크를 확립해야 하는데, 여기서 다시 신호 손실 문제와 마주하게 된다.

다행스럽게도 양자 신호를 증폭할 수 없다고 하더라도 '얽힘 중계기'를 만들 수는 있다. 간략히 말해서 아르튀르와 베르티유 사이의 거리를 더 짧게 나누고, 각 중간 단계에 릴레이 워키토키를 배치하는 것이다. 각 릴레이를 다음 릴레이와 얽히게 함으로써 아르튀르와 베르티유 사이에 직접적인 링크를 구축할 수 있다.

양자 순간 이동은 1997년 오스트리아의 안톤 차일링거Anton Zeilinger 교수의 연구실에서 최초로 성공적으로 이루어졌으며 이후로 서로 다른 주를 넘나드는, 더 먼 거리를 이동하는 실험들이 성공했다. 앞에서 소개했던 판젠웨이 교수팀의 1400킬로미터 양자 순간이동은 현재까지 최고 기록으로 남아 있다.

유령 같은 얽힘

얽힘 현상은 양자 통신에만 국한되지 않는다. 예상치 못한 곳에서 응용되는 또 다른 예로는 이른바 '고스트 이미징'이 있다. 서로 다른 색깔의 얽힌 광자 쌍을 이용하여 빛에 극도로 민감한 물체를 촬영하는 기법이다.

이 아이디어는 최소한의 에너지를 가진 광자를 전달해 물체에 손실이 없도록 하고, 물체와 상호 작용하지 않은 두 번째 광자를 이용하여 광자 간의 상관관계를 통해 이미지를 재구성하는 것이다. 이러한 기술은 카메라의 해상도를 향상시키는 데 사용되기도 한다.

구축 중인 네트워크

얽힘은 장거리 양자 통신을 가능하게 할 수 있다는 사실만으로도 양자 인터넷의 한 축이 되었다. 양자 인터넷이 현재의 네트워크를 대체하는 인터넷의 '새로운 버전'이 아니라는 점을 명확히 하도록 하자. 장기적으로 양자 인터넷은 무엇보다도 다음 장에서 만나게 될 양자 컴퓨터들을 서로 연결하고, 양자 암호의 보안성과 양자 컴퓨터의 계산 능력을 결합하는 것을 목표로 삼는다.

사이버 보안과 관련한 양자 컴퓨터의 중요성은 이미 이 컴퓨터를 핵심 전략 이슈로 만들었다. 지금으로서는 대륙 간 양자 인터넷이 먼 미래의 이야기처럼 느껴지지만, 전 세계적으로 수많은 실험이 이루어지고 있다. 여러 나라에서 수백 킬로미터 연결을 시험해 보고 있으며, 양자 키 전송을 위한 4600킬로미터의 전용 광섬유가 이미 베이징과 상하이를 연결하고 있다. 유럽에서도 2027년까지 대륙 양자 인터넷 프로젝트를 추진할 예정이다.

중기적으로 볼 때, 이 네트워크는 과학용으로 가장 먼저 응용될 듯하다. 인터넷망 '월드 와이드 웹World Wide Web'도 데이터를 교환하기 위한 간단하고 안전한 방법을 찾는 세른 연구원의 협업에서 비롯된 것처럼 말이다. 망원경의 관측을 결합하든 전 세계의 원자시계를 동기화하든 양자 인터넷 네트워크는 분명 연구자들에게는 엄청난 기회를 제공할 것이다.

블랙홀을 보다

2019년, 블랙홀의 첫 번째 이미지가 전 세계 각지에 배치된 전파 망원경 네트워크인 '사건 지평선 망원경Event Horizon Telescope'에 포착되었다. 이 우주 괴물은 10억 개의 태양보다 무겁고 지구에서는 약 50광년 떨어져 있다. 뉴욕에서 캘리포니아 해변의 모래알을 관찰하는 것과 맞먹을 정도로 아주 멀리 떨어진 물체를 관찰해 낸 것이다!

이러한 높은 해상도를 얻기 위해 여러 망원경으로 관측한 광선들을 서로 간섭시키는 방법이 사용되었다. 그러나 그토록 멀리 떨어진 물체에서 우리에게 도달한 희미한 빛은 고작 한 줌의 광자를 남길 뿐이다. 양자 인터넷은 우주에서 온 이러한 귀중한 신호를 한 망원경에서 다른 망원경으로 손실 없이 전달할 수 있도록 도와줌으로써, 의심할 여지없이 우주의 깊이를 연구하는 데 중요한 동맹이 되어 줄 것이다.

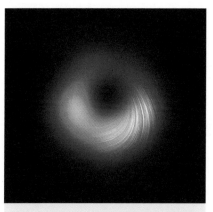

2021년 EHT 국제 공동 연구 팀이 발표한 M87* 블랙홀의 두 번째 사진. 천체 주변 빛의 편광을 보여 준다.

출처: Event Horizon Telescope(EHT)

케이크는 없다

이번에는 아인슈타인이 주장하는 숨은 변수 측면에서 양자 물리학의 묘사를 불신하는 것을 목적으로 하는 하디의 실험에 대해 보다 자세히 살펴보자. 이 문제를 열심히 곱씹어 보기 위해서는 먼저 우리를 둘러싼 세계의 물리학에 대하여 알고 있는 많은 것들에 의문을 제기할 준비를 해야 한다.

하디가 자신의 실험을 설명하기 위하여 직접 사용했던 비유를 알아보자. 일정한 시간 간격으로 두 개의 오븐에서 두 개의 케이크(얽힌 입자들)를 동시에 굽는 제빵사가 있다. 제빵사의 견습생 로빈과 막성스는 각각 오븐을 하나씩 맡았다. 둘은 각자의 케이크 품질을 관리하기 위해서 다음 두 가지 작업 중 한 가지를 수행할 수 있다. 굽는 도중에 오븐을 열고 케이크가 부풀어 오르기 시작했는지 확인하거나, 굽기가 끝날 때까지 기다렸다가 케이크를 맛보는 것이다.

케이크를 구울 때마다 두 견습생은 무작위로 두 방법 중 하나를 선택하고 그 결과를 기록한다. 수차례 측정한 후에 둘은 서로의 결과를 비교하고 다음과 같은 놀라운 상관관계를 발견한다.

관찰 1: 한 케이크가 맛있을 때, 나머지 케이크는 항상 맛이 없다.
관찰 2: 한 케이크가 부풀었을 때, 나머지 케이크는 항상 맛있다.

이러한 상관관계가 있다는 것도 놀랍지만, 이보다 더한 문제가 있다. 두 견습생이 케이크를 확인하는 과정에서 모순이 발생하는 것이다. 즉 둘은 때때로 두 케이크가 모두 잘 부풀어 오른 것을 발견한다. 그러나 이는 앞선 두 관찰 결과와 양립할 수 없다. 만일 두 케이크가 모두 잘 부풀었다면 관찰 2에 따라 양쪽 모두 맛있어야만 하는데, 이는 관찰 1에 따르면 불가능하다!

이 실험은 사실 케이크가 아니라 광자를 이용해서 1994년에 성공적으로 수행된 바 있다. 케이크의 굽기를 확인하거나 맛을 보는 행동은 서로 다른 축(BB84 프로토콜에서와 마찬가지로 한쪽은 남/북, 나머지 한쪽은 동/서를 가리킴)에 따른 편광을 측정하는 행위에 해당한다. 그러나 관측 결과는 동일하다. 수행되는 관측에 따라 완전히 모순된 결과가 도출된 것이다. 이러한 모순을 어떻게 설명할 수 있을까?

우리를 둘러싼 세계에서 물체는 고유한 특성을 갖고 있다. 노란색 공은 실제로 확인하는 사람이 없더라도 항상 노란색일 것이다. 관찰 여부와 관계없는 물체 속성이 존재한다고 주장하는 이러한 가설을 '실존론'이라고 한다. 이 가설은 세계에 대한 우리의 인식에 매우 깊이 박혀 있기 때문에, 이를 벗어나는 일은 완전히 불합리한 것으로 여겨진다. 그러나 이 실존론은 케이크 실험의 결과와 양립할 수 없다. 로빈과 막성스가 선택한 방법에 따라서 관찰된 케이크의 속성에는 동일한 상관관계가 없다. 두 케이크의 결합 상태, 즉 두 케이크의 속성은 절대적이거나 미리 결정된 값을 가지지 않는다. 값은 어떻게 관찰하느냐에 따라 달라진다.

따라서 양자 물질의 속성은 측정 이전에도 고유하게 존재한다는 생각을 버려야 한다. 이는 이렇게 작동하는 과학과 철학의 관계를 완전히 다시 쓰는 것이다. 아인슈타인은 코펜하겐 해석의 열렬한 옹호자인 동료 아브라함 파이스 Abraham Pais 에게 물었다. "그렇다면 달은 내가 볼 때만 존재하는 것인가?" 파이스는 그에게 이렇게 답했다. "20세기 물리학자로서, 나는 그 질문의 확실한 답을 가지고 있다고 주장할 수 없다네."

개념 요약: 얽힘

개별적인 측정 결과가 서로 독립적이지 않을 때, 두 입자는 '얽혀 있다'고 말한다. 극단적인 경우, 두 입자가 우주의 정반대 끝에 있더라도 한 입자의 측정은 다른 입자가 특정한 상태를 취하도록 '강제'한다.

이는 아마도 양자 물리학의 창시자들이 가장 받아들이기 어려운 개념이었을 것이다. 오랫동안 양자 이론을 잘못 해석한 것으로 지적받았지만, 1960년대부터 수행된 연구는 과학자들이 현실을 묘사하는 새로운 방법을 수용하도록 했다.

그림자보다
빠르게 계산하기

양자 컴퓨터라는 이름이 이미 친숙할지도 모르겠다. 양자 컴퓨터는 놀라울 만큼 엄청난 이익을 줄 수도 있지만 끔찍한 위협을 가할 수도 있다. 우리가 이용하는 은행 코드의 보안을 위태롭게 하는 것만큼이나 손쉽게 신약을 발견할 수도 있기 때문이다. 이렇듯 많은 관심을 불러일으키는 양자 컴퓨터는 잠재적인 응용과 기술적 위업에 관한 전 세계적인 경쟁 역시 부추기고 있다.

그러나 이 길에는 함정이 산재해 있다. 프로세서가 입자의 양자적 속성을 사용한다는 것은, 그 속성을 완벽히 길들일 수 있음을 의미한다. 그러나 양자는 이보다 변화무쌍한 물체를 찾기도 어려울 정도로 변덕스럽다. 최소한의 접촉으로도 변형되고 속성을 잃기 때문이다. 양자 입자로 성공적인 계산을 수행하기 위해서는 가장 주된 장애물인 결 깨짐을 극복해야한다. 공표된 효과로부터 실제 희망을, 환상으로부터 기술을 분리하기 위해 널리 알려진 양자 물리학의 한 분야를 해독하기 위한 시간을 가져 보자.

골치 아픈 테이블 배치

며칠간 식은땀을 흘린 끝에 당신은 연인에게 청혼해서 승낙을 받았다! 이제 결혼식 준비를 위해서 결혼식장, 음식 메뉴, 꽃 장식 등을 결정해 예약해야 한다. 끝이 없는 할 일 목록 중에서도 가장 큰 골칫거리는 분명 테이블 배치일 것이다. 약혼자의 형제는 당신의 여동생과 사이가 좋지 않다. 여동생은 어릴 적 친구 옆에 앉고 싶어 하지만 친구는 두 자녀와 떨어져 앉기를 원하지 않는다. 함께 앉아야만 하는 친구 그룹이나 함께 앉지 말아야 할 옛 연인들의 경우도 만만치 않다. 골칫거리에 머리를 쥐어뜯는 대신, 당신은 컴퓨터로 이 문제를 해결하기로 결심한다.

가장 단순하게 접근하자면 제약 조건을 가장 잘 충족하는 조합을 찾을 때까지 무작위로 계속 계산을 돌리는 방법이 있다. 그러나 커다란 테이블 하나에 60명의 하객이 앉을 때의 경우의 수는 그야 말로 어마어마하다. 첫 번째 자리에는 60개의 경우의 수가, 두 번째 자리에는 59개의 경우의 수가 생기기 때문이다. 하객 개개인의 조건에 따라 경우의 수가 증가해 결과적으로는 10^{82}가지라는 상상할 수 없는 숫자가 나온다. 관측 가능한 우주의 원자 수보다 많은 수다!

지난 20년 동안 프로세서의 속도는 거의 1000배가량 증가했지만, 초당 1000억 개의 작업을 초과하지는 못한다. 이것도 분명 상당한 수치이기는 하나, 이러한 문제의 모든 가능성을 일일이 나열하기에는 불충분하다. 한 테이블에 20명의 하객이 둘러앉는 경우를 계산한다면 아마도 3개월 이상이 소요될 것이다! 그러나 양자 컴퓨터라면 이론적으로 몇 분 안에 이 문제를 해결할 수 있다. 그렇다면 여기서 양자는 어떤 역할을 할까?

정보의 코딩

우선 '전통적인' 컴퓨터를 잠깐 살펴보면서 이야기를 시작해 보자. 텍스트 문서, 오디오 파일, 동영상은 매우 다른 성격의 정보를 구성하지만, 모두 동일한 프로세서로 읽을 수 있다. 가장 기본적인 수준에서 그것들은 동일한 형태의 단위, 즉 0과 1로 표현되는 긴 **비트** 체인으로 나타나기 때문이다. 비트는 컴퓨터가 수용할 수 있는 가장 작은 정보 단위다. 8비트를 묶으면 1**바이트**가 되어 256개의 값을 가질 수 있고, 알파벳의 모든 글자나 픽셀의 색상을 쓸 수 있다. 예를 들어 세 글자로 구성된 단어 'b-i-t'는 컴퓨터에 '01000010-01001001-01010100'라고 쓰인다. 이것이 우리의 컴퓨터를 다재다능하게 만들어 주는 아주 간단한 코딩 방법이다.

비트는 개념적 존재를 넘어 물질적 실재성을 갖는다. 비트는 오늘날의 전자 기기 중 아주 작은 스위치나 트랜지스터 등에서 구현되는데, 이러한 기기들은 양자 물리학이 없었으면 결코 빛을 보지 못했을 또 다른 발명품이다. 트랜지스터는 전류가 흐르게 하거나(비트의 값은 1) 차단해서(비트의 값은 0), 많은 정보를 매우 작은 공간에 저장하고 신속하게 처리할 수 있게 한다. 트랜지스터는 편의성에 따라 선택된 기술이다. 비트는 마치 모스 부호처럼 분명히 정의된 두 상태를 대변할 수 있기 때문이다. 동전을 던져 임의로 앞면에는 0의 값을, 뒷면에는 1의 값을 부여할 수도 있다. 2015년 스탠퍼드대학의 한 물리학자는 물방울의 존재 여부를 0 또는 1의 값으로 나타내는 물 기반 컴퓨터를 만들기도 했다.

더욱 놀라운 사실은 자연이 이러한 정보들을 단순 문자열로 인코딩하는 기술을 사용하고 있다는 점이다. 세포 안에서 긴 나선 형태로 꼬여 있는 유전 정보인 DNA가 바로 그 기술을 사용하고 있다. 여기서 각 문자는 두 가지가 아닌 네 가지 값, 즉 A, T, C, G를 가질 수 있다. 단백질은 매뉴얼처럼 DNA를 '읽고' 신체 기능에 유용한 분자들을 만들어 낸다. 소형화 경쟁에서 인간은 필패할 수밖에 없다.

DNA 기반 USB 장치는 수천 테라비트ₜᵦᵢₜ의 데이터를 저장할 수 있으니까!

코딩의 기본

우리의 일반적인 계산 방법은 모든 숫자를 표현하기 위해 (0부터 9까지) 열 개의 숫자를 필요로 한다. 이를 '십진법'이라고 부른다. 십진법에서는 일련의 10의 거듭으로 수를 배열한다. 예를 들어 21을 십진법으로 풀이하면 $(2 \times 10^1) + (1 \times 10^0)$이 된다. 이 계산법이 직관적으로 느껴지는 이유는 우리가 어려서부터 열 개의 손가락에 의존해 계산하는 법을 배우기 때문이다. 그러나 다른 진법으로도 숫자를 매우 잘 쓸 수 있다!

컴퓨터에서 볼 수 있는 일련의 0과 1은 (두 개의 숫자만을 필요로 하는) 이진 표기법으로 숫자를 표현한다. 2의 거듭제곱 꼴로 수를 분해하는 이진법으로 21을 풀이하면 10101, 즉 $(1 \times 2^4) + (0 \times 2^3) + (1 \times 2^2) + (0 \times 2^1) + (1 \times 2^0)$가 된다. 이렇게 훨씬 덜 압축적이기는 하지만 0과 1만으로도 존재하는 모든 숫자를 나타낼 수 있다!

풀 수 없는 문제

컴퓨터의 역할은 비트 문자열을 해독하는 것만이 아니다. 컴퓨터는 그것들을 조작할 수도 있다. 제한된 글자로만 계산을 수행하기 위해서는 두 숫자의 곱과 같은 복잡한 연산들을 일련의 **기본 연산**으로 분해해야 한다. 1을 0으로 변환해서 두 개의 비트를 비교한 다음 동일할 경우에는 1, 그렇지 않을 경우에는 0을 추출하는 식이다. 마치 실 가닥을 엮는 직조기처럼, 컴퓨터는 비트 문자열을 조립하여 목적을 달성한다.

컴퓨터가 주어진 문제를 해결하기 위해서는 일련의 기본 연산을 아주 명확한 순서대로 수행해야 하는데, 이를 **알고리즘**이라고 한다. 알고리즘의 실행 시간은 언제나 처리할 문제의 '크기'에 따라 달라지지만, 고려되는 문제에 따라 범위가 달라진다. 전화번호부에서 수신자를 검색하는 데 소요되는 시간은 거기에 입력된 전화번호의 수와 거의 관계가 없다. 전화번호들이 알파벳 순서로 배열되어 있기 때문이다. 반면 알 수 없는 번호를 찾는 경우처럼 과정을 반대로 수행해야 하는 경우에는 올바른 번호를 찾을 때까지 모든 수신자를 열거해야 한다. 이때 소요되는 시간은 총 전화번호 수에 비례하므로 터무니없어 보일 수 있다. 그러나 이것 역시 특정 문제의 복잡성에 비하면 아무것도 아니다.

테이블 배치 문제에서 이미 60명의 하객은 감당할 수 없다는 것을 살펴보았다. 만일 여기에 새로운 하객이 추가된다면 어떻게 될까? 두 사람 사이에 앉을 의자를 추가해야 할 것이고, 그러면 경우의 수는 60배로 늘어난다! 겉으로 보기에 단순해 보이는 이 문제의 난이도는 하객 수에 따라서 **기하급수적**으로 증가한다. 이는 제약 조건 전체를 충족시킬 수 있는 최적의 구성을 찾는 것이 목표인 소위 최적화 문제의 한 예다. 또 다른 유명한 예로는 여러 도시를 방문하는 가장 짧은 경로를 찾아야만 하는 영업 사원 이야기가 있다. 이때도 가능한 경로의 수는 도시의 수에 따라 기하급수적으로 증가한다.

다행인 것은 대부분의 최적화 문제에서 모든 가능성을 일일이 열거할 필요가 없다는 점이다. 예를 들어 영업 사원이 프랑스 동부의 리옹과 스트라스부르를 연결하는 가장 짧은 경로를 찾는다고 할 때, 내비게이션 GPS는 굳이 프랑스 서북부의 브레스트 지역을 통과하는 경로를 선택하지 않을 것이다. 그러나 일부 문제에서는 전체 경우의 수를 줄일 수 있는 방법이 없다. 오늘날 우리가 활용하는 정보 시스템의 기밀성은 대개 현재의 컴퓨터로는 합리적인 시간 내에 해결하지 못하는 이러한 문제들의 난이도에 따라 결정된다(5장 참조).

구원자 큐비트

일반 컴퓨터에 대해서는 충분히 이야기했으니 이제 이 책의 중심 주제인 양자 혁명으로 넘어가자. 기하급수적으로 복잡한 문제의 어려움을 해결할 수 있는 한 가지 해결책은 비트로 정보를 나타는 방법을 버리고 **큐비트**qubit(퀀텀 비트quantum bit의 줄임말)로 대체하는 것이다.

큐비트는 비트와 마찬가지로 0과 1로 표기되는 두 개의 별도 정보 구성을 연결할 수 있는 물리적 시스템이다. 그러나 비트와 달리 두 개의 상태를 갖는 모든 물체가 큐비트를 형성하는 데 사용될 수 있는 것은 아니다. 큐비트를 형성하기 위해서는 한편으로는 상태의 중첩(5장 참조)에 있을 수 있고, 다른 한편으로는 다른 양자 물질과

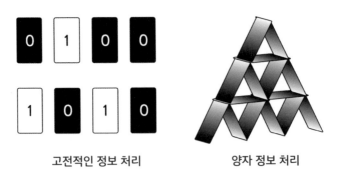

고전적인 정보 처리   양자 정보 처리

얽힐 수 있는(6장 참조) 순수한 양자 물질이 필요하다. 132쪽 그림에서처럼 비트는 흑백으로 표현되고 서로 소통하지 않지만, 큐비트는 회색 그러데이션의 모든 부분을 수용할 수 있으며 상호 작용도 할 수 있다. 바로 여기서 큐비트의 강점이 나타난다.

양자 프로세서는 불가분 관계인 네트워크 안에서 서로 얽혀 있는 모든 큐비트를 포함한다. 좀 더 쉽게 이해하기 위해 동전 던지기 대신 앞면(F)과 뒷면(D)이 있는 카드놀이로 바꾸어 생각해 보자. 양자 프로세서는 마치 카드로 쌓은 성과 같다. 그림처럼 성의 모습을 갖추고 있는 경우, 각각의 카드는 상태가 결정되지 않고 F+D의 중첩 상태에 놓인다(132쪽 오른쪽 그림 참조).

그러나 이 상태는 매우 취약하다. 여러 카드 중 하나의 카드에 상태를 할당하려면 그 카드를 제거해야 하는데, 그러면 나머지 카드도 모두 무너져 앞면과 뒷면 중 하나의 상태를 선택하게 만든다. 이러한 취약성 때문에 프로세서를 제어하기 어려운 것은 사실이지만, 이는 첫 번째로 고려할 만한 이점이 되기도 한다. 즉 단일 큐비트를 측정하면 그 즉시 다른 모든 결과를 얻을 수 있기 때문에 여러 계산을 하나의 연산으로 결합할 수 있다. 또 다른 이점은 보다 미묘하지만, 조금 더 살펴볼 필요가 있다.

앞서 중첩 상태를 F+D로 나타낼 수 있다고 알아보았다. 그러나 이는 상태를 측정할 때 F와 D가 동일한 확률로 산출되는 특별한 경우다. 사실 중첩된 양자 시스템은 a《F》$+b$《D》로 표기될 수 있는데, 여기서 a와 b는 한 상태 또는 다른 상태에서 시스템을 발견할 수 있는 확률과 관련된 숫자다.[9] 지구상의 모든 지점을 위도와 경도를 이용해 나타낼 수 있는 것처럼, 큐비트는 하나의 정보가 아닌 a와 b의 값으로 나타나는 두 가지 정보로 특징된다.

이제 두 개의 얽힌 큐비트를 상상해 보자. 이번에는 FF, DD, FD, DF 이렇게 네 가지 상태가 가능하다. 전체 중첩 상태는 네 개의 숫자를 이용해 a《FF》$+b$《DD》$+c$《FD》$+d$《DF》로 나타낼 수 있다. 따라서 두 개의 큐비트를 기술하기 위해서는 네 가지 정보가 필요한 반면, 두 개의 고전적 비트를 기술하는 데에는 두 가지 정보(첫 번째 비트의 값과 두 번째 비트의 값)만 필요하다.

만일 세 개의 큐비트로 변경한다면, 세 개의 정보만 필요했던 비트와는 달리 여덟 개의 정보가 필요하다. 네 큐비트는 네 개의 정보만 필요했던 비트와 달리 열여섯 개의 정보가 필요하다. 이런 식으로 논리를 전개하다 보면 비트와 큐비트의 근본적인 차이를 발견할

----

[9] 더 정확히 말하자면, 중첩된 상태를 완전히 특징짓기 위해서는 확률과 방향이라는 두 가지 숫자가 필요하다는 것을 5장에서 살펴보았다. 따라서 a와 b는 엄밀히 말해서 확률이 아니라 이 두 숫자의 혼합이다.

수 있다. 각각의 새로운 비트는 하나의 정보만을 추가하는 반면, 각 각의 새로운 큐비트는 정보의 수를 두 배로 늘린다. 그 증가는 테이블 배치 문제에서 보았던 가능한 조합의 수처럼 '기하급수적'으로 일어난다. 따라서 10큐비트는 1024비트만큼의 많은 정보를 담고 있다. 대략 20큐비트면 보통 수백만 개의 기존 비트가 필요했던 휴가 사진을 저장할 수 있다!

양자 블랙박스

어떤 이들은 큐비트가 이끄는 패러다임 변화가 진정한 정보 통신 기술 혁명을 촉발할 것이라고 말한다. 그러나 우리는 양자 컴퓨터의 가장 큰 한계에 도달했다. 큐비트 문자열을 읽으려면 그 상태를 측정해야만 하기 때문이다. 그러나 이 측정은 양자 중첩을 파괴할 테고, 우리는 그 안에 포함된 여러 정보 중 한 가지에만 접근할 수 있게 된다!

이것이 바로 양자 컴퓨터의 역설이다. 수많은 큐비트로 매우 쉽게 계산을 수행할 수 있다는 기술적 혁신과 저장된 정보를 효과적으로 확보하지 못한다는 문제가 혼재한다. 스무 개의 큐비트에 휴가 사진을 저장하고 그것들을 효율적으로 처리하고 수정할 수 있는 것은 좋지만, 나중에 사진에 접근하지 못한다면 대체 무슨 소용이겠는가?

1990년대 이후 개발된 양자 알고리즘은 이러한 제약을 교묘히

피해 가기 위해서 일종의 속임수를 쓰는 것을 목적으로 한다. 여기서 우리는 큐비트의 마지막 이점을 활용한다. 바로 다른 두 큐비트 사이의 불가분 관계를 이용하는 것이다. 영의 이중 슬릿 실험 속 광자처럼 큐비트는 양자 물질이기 때문에 서로 간섭할 수 있다(2장 참조). 따라서 아이디어는 이러한 간섭을 통해서 특정 상태의 중요성을 더 강조시키고 다른 상태의 중요성은 감소시킴으로써 올바른 계산 결과를 제공하는 큐비트에게 우선권을 주는 것이다.

이러한 방식은 고려되는 문제에 따라 달라질 수 있기 때문에 여기서 쉽게 요약할 수는 없다. 양자 컴퓨터가 제공하는 도구 상자는 다양하고 복잡하기 때문에, 계산 속도와 읽기의 효율성 사이의 타협이 요구된다. 안타깝게도 이 방식은 모든 문제에 적용할 수 있지 않아서, 매우 발전된 양자 컴퓨터라 하더라도 현재 우리가 사용하는 컴퓨터만큼 결코 보편적이지는 못할 것이다. 양자 컴퓨터에 쏟아지는 미디어의 관심을 직면한 많은 과학자는 양자 계산이 결국 특정 분야에서만 주목받을 것이라고 이야기한다.

거꾸로 된 전화번호부

앞서 살펴본 바와 같이 전화번호만을 사용해 전화번호부에서 알 수 없는 수신자를 찾는 작업은 상당히 지루한 일이다. 만일 전화번호부에 1만 개의 항목이 있다면 올바른 결과를 찾을 때까지 평균 5000개의 항목을 열거해야 한다. 1996년, 인도의 컴퓨터 과학자 로브 그로버Lov Grover는 단

100번의 연산으로 문제를 해결할 수 있는 양자 알고리즘을 고안했다! 핵심은 1만 개의 항목이 균형 잡힌 중첩 상태에 있는 양자 상태를 만드는 것이다.

그러한 시스템을 측정함으로써 1만 분의 1의 확률로 각 항목을 만나게 되지만, 이는 큰 도움이 되지 않을 것이다. 그로버의 알고리즘은 1에 가까워질 때까지 검색된 번호의 확률을 조금씩 증가시키는 일련의 조작 방식에 중첩 상태를 종속시키는 것이다. 그런 다음 상태를 측정해서 찾고 있는 번호를 발견하기만 하면 된다! 그로버의 사례는 큐비트 문자열에 단일 측정만을 수행할 수 있는 경우에도 약간의 독창성을 통해 유용한 정보들을 추출할 수 있다는 것을 보여 준다.

결 깨짐 극복하기

큐비트의 특징 중 하나인 취약성으로 돌아가 보자. 중첩된 양자 시스템은 아주 작은 측정에도 상태가 선택되고 중첩이 깨져 다시 돌아가지 못한다. 카드로 쌓은 성이 무너지면 카드의 상태는 모두 결정된다. 한 시간 후에 다시 돌아와 살펴봐도 카드는 결정된 상태 그대로일 것이다.

여기서 측정은 무엇을 의미할까? 일반적으로는 양자 시스템에 대한 측정기의 작용이라고 생각된다. 카드로 쌓은 성을 예로 들면, 측정은 카드 한 장을 제거하는 것에 해당한다. 그러나 쉽게 상상할 수 있듯이 카드를 세워 만든 성은 가벼운 바람이나 바닥의 진동과 같은 다른 여러 이유로도 무너질 수 있다. 마찬가지로 양자 중첩은 측정기의 작동이든 주변 공기 분자에 의해서든, 다른 시스템과 최소한의 상호 작용만 일어나도 붕괴할 수 있다. 양자적 속성을 뒤섞는 이러한 현상을 **결 깨짐**이라고 한다. 이 현상은 이 분야의 연구자들에게 많은 고민거리를 안겨 주는 주제다. 양자 컴퓨터의 가장 큰 문제라고 할 수 있는 '큐비트 중첩 상태 유지' 또한 결 깨짐 현상에서 비롯된다.

기술적 과제는 마치 카드를 세워 만든 성을 바람으로부터 보호하듯이, 큐비트와 주위 환경 사이의 상호 작용을 최소화하는 것이다. 따라서 큐비트는 일반적으로 시스템을 교란할 수 있는 기체 분자를 제거하기 위해 진공 챔버에 배치된다. 진공 상태 또한 결코 완벽하지 않기 때문에 아직 남아 있는 몇 개의 기체 분자들까지 완전히 제거하기 위해서는 극저온 상태까지 냉각시켜야 한다. 이렇게 극단적인 조건에서만 큐비트의 양자적 특성이 완전히 드러날 수 있다.

카드로 만든 성의 크기가 클수록 불안정성이 증가하듯이, 결 깨짐과의 싸움도 시스템이 커질수록 어려워진다. 현재 최고 성능의 양자 컴퓨터는 100큐비트를 활용한다. 더 큰 카드 성을 쌓으려는 세계의 경쟁은 점점 치열해지고 있다.

양자 결 어긋남 현상은 실용적인 중요성 외에 이론적 관점에서도 매우 중요하다. 이 책 전반에 걸쳐 소개되는 이상한 현상들이 우리 세계에서는 보이지 않는 이유를 설명하기 때문이다. 이론적으로는 수백경 개의 원자로 이루어진 고양이를 양자적 중첩 상태에 놓을 수 있지만, 실제로는 바람으로부터 보호하면서 에베레스트 산만큼 높은 카드 성을 쌓는 것만큼이나 불가능한 일이다. 따라서 슈뢰딩거가 상상했던 살아 있는 동시에 죽은 고양이를 직접 마주할 가능성은 거의 없다.

불안정한 체스판

큐비트의 취약성에서 비롯된 마지막 주요 문제에 대해 이야기해 보자. 그것은 양자 컴퓨터가 현재 계산 오류를 범하기 쉽다는 것인데, 그 오류는 두 가지 범주로 분류할 수 있다. 첫 번째는 단일 큐비트 오류에 해당한다. 양자 프로세서를 체스판이라고 가정했을 때, 단일 큐비트 오류는 말 하나를 움직이는 것에 해당한다. 예를 들어 당신이 잠깐 등을 돌린 순간에 상대방이 체스 말을 하나 움직인 것이다. 이러한 오류는 쉽게 수정할 수 있다. 그러나 이를 알아차리는 일은 여전히 중요하다.

두 번째 범주의 오류는 큐비트 전체에 영향을 미친다. 당신이 실수로 체스판이 놓인 테이블을 찼을 때 판 위의 모든 말이 위치에서 어긋나 버리는 현상과 비슷하다. 이러한 어긋남은 발견하기는 쉽지만 수정하기가 어렵다. 어떤 시스템은 첫 번째 오류 유형에, 또 다른 시스템은 두 번째 오류 유형에 강하지만 현재로서는 두 가지 오류를 모두 효과적으로 해결할 수 있는 시스템을 발견하지 못했다.

큐비트 전쟁

양자 컴퓨터의 잠재력에 대한 확신 여부를 떠나서 양자 정보 통신 기술은 계속해서 빠르게 진보하고 있다.

큐비트를 제어하는 데 필요한 케이블들이 얽혀 있는 IBM 양자 컴퓨터의 내부.
출처: IBM

2019년 9월, 구글 연구 팀은 '양자 우위'를 달성했다고 선언했다. 53큐비트 프로세서로 무장한 엔지니어들은 최신 컴퓨터 계산으로는 1만 년이 걸리는 계산을 단 3분 만에 해결했다고 발표했다. 과학계는 그냥 지나치지 않았다. 한 달 후 IBM의 연구 팀은 구글의 결과물을 비판하며 엔지니어들이 양자 계산의 성능을 과장했다고 비난했다. 기존 컴퓨터로 계산해도 사흘 만에 가능하다는 것이다.

2021년에는 중국의 판젠웨이 연구 팀이 구글보다 수백 배 빠른 66큐비트 양자 컴퓨터를 선보였고, 몇 개월 후 IBM은 새로운 미래지향적 프로세서의 도움으로 100큐비트의 한계를 넘었다고 주장했다(139쪽 사진 참조).

IBM과 구글의 양자 컴퓨터는 중단기적으로 가장 유망할 것으로 예상되는 '초전도 큐비트' 기술을 기반으로 한다. 각 큐비트는 절연체로 분리된 두 개의 작은 금속 밴드로 구성된다. 금속의 전자들은 터널 효과에 의해 절연체를 통과할 수 있다(4장 참조). 상태 1과 0은 각각 "전자가 통과한" 상태와 "전자가 통과하지 못한" 상태에 해당한다.

이 시스템의 가장 큰 장점은 오래전에 인쇄 회로용으로 개발된 제조 기술을 활용한다는 것이다. 그러나 이 책의 마지막 장에서 살펴볼 초전도체는 매우 낮은 온도에서 유지되어야만 작동한다. 그리고

광자판

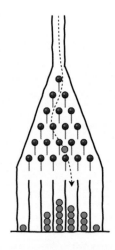

박람회에서 이렇게 생긴 판을 본 적이 있는가? 위에서 구슬을 굴리면 판에 박혀 있는 못에 부딪힌 구슬이 이리저리 방향을 바꾸며 아래 상자로 떨어진다. 이 판은 발명가의 이름을 따 '갈톤 보드'라고 불린다.

이번에는 갈톤 보드와 비슷하게 생긴, 그러나 구슬 대신 양자 입자가 굴러떨어지는 판을 상상해보자. 판에 박힌 각각의 '못'에서 입자의 파동 함수는 영의 이중 슬릿에서처럼 두 방향으로 나뉜다. 입자가 바닥에 도달할 때 나타나는 간섭무늬는 너무 복잡해서 기존 컴퓨터로는 그 모양을 계산할 수 없다. 이 재미있는 보드는 (또!) 판젠웨이 연구 팀이 고안한 것으로 2020년에는 76개의 광자로, 2021년 10월에는 113개의 광자로 모의실험이 이루어졌다. 기존 컴퓨터가 곤경에 처해 있지만, 이러한 계산과 관련된 응용 프로그램은 아직 갈 길이 멀기만 하다.

이런 종류의 양자 컴퓨터 계산 오류는 여전히 빈번하다.

또 다른 일반적인 방법은 광자의 편광을 사용하는 것이다(5장 참조). 다른 연구 팀들은 결정이나 원자 사슬 형태의 더 이색적인 큐비트를 사용한다. 각각의 장단점을 갖춘 여러 큐비트가 이미 각축을 벌이고 있는 상황에서, 어떤 기술이 우위를 차지할지는 더 지켜봐야 할 일이다.

혁명일까, 망상일까?

이러한 숫자 전쟁은 궁금증을 남길 뿐만 아니라 큐비트에 대한 경쟁의 전략적 중요성을 보여 준다. 몇 년 이내에 약학, 암호학, 금융과 같은 섬세한 분야에서 잠재적인 응용력을 갖춘 양자 프로세서의 첫 번째 성공이 나타날 수 있다.

장기적인 관점으로 볼 때 양자 컴퓨터는 얼마나 중요해질 수 있을까? 최신 유행 현상은 언제나 양날의 검이기 때문에 쉽게 대답할 수 없다. 양자 정보 통신 기술이 공공 및 민간 분야에서 엄청난 투자를 받고 있지만 그 역시 불안정하다. 인공 지능 분야도 따뜻한 봄과 추운 겨울을 번갈아 겪고 있듯이, 기술이 투자자들의 취향에 맞춰 충분히 빠른 속도로 발전하지 않으면 투자 바람도 방향을 틀 수 있다.

양자 컴퓨터가 오늘날 우리가 사용하는 컴퓨터를 대체하지 않듯이, 양자 인터넷이 현재의 인터넷을 대체하지 않는다는 점을 다시 한번 기억하도록 하자. 양자 컴퓨터와 양자 인터넷 기술은 전도유망한 기술이지만 전문성이 매우 높은 분야다. 이 기술들은 기존의 컴퓨터가 그랬듯이, 그리고 인공 지능 상용화가 그럴 것이라 예측되듯이 우리의 일상을 변화시키지는 않을 것이다. 그렇지만 양자 정보

물리학 속의 물리학

양자 컴퓨터 상용화는 여전히 먼 미래의 이야기이지만 새로운 종류의 계산기가 등장했다. 바로 양자 시뮬레이터다. 노벨 물리학상을 받은 미국의 물리학자 리처드 파인먼Richard Feynman이 1980년대에 고안한 이 계산기는 속성이 제어되는 보다 단순한 양자 시스템을 사용하는 복합 양자 시스템을 모델링하는 것이다.

여기서 양자는 컴퓨터처럼 계산을 가속화하는 것이 아니라 모델링하는데 사용된다. 두 분자 사이의 상호 작용을 예측하기 위한 방정식을 푸는것이 아니라 원자들을 적절한 조건에 놓음으로써 방정식을 시뮬레이션하는 것이다. 그런 다음 그 상호 작용을 (계산하지 않고) 측정하기만 하면된다! 이러한 시뮬레이션을 통해 새로운 분자들의 특성을 예측할 수 있으므로 새로운 물질, 약물, 배터리 성분, 심지어는 화학 비료까지 만들어낼 수 있다. 250큐비트를 활용한 시뮬레이터는 2021년 말에 이미 가동된 바 있다. 500큐비트를 활용한 시뮬레이터부터는 더욱 흥미로운 문제들을 해결할 수 있을 것이다.

통신 기술 연구에 투입되는 노력이 간접적일지라도, 디지털 세계에 어떤 영향도 미치지 않을 것이라고 보기는 어렵다.

개념 요약: 양자 계산

양자 계산은 비트를 큐비트(퀀텀 비트)로 대체하는 것으로 이루어진다. 기존 컴퓨터의 비트는 0 또는 1의 값을 가지며 독립적으로 작동하지만, 큐비트는 0+1의 중첩 상태에 놓이고 서로 얽힐 수 있다. 이를 통해 양자 계산은 기존 컴퓨터로는 감당할 수 없는 어려운 계산들을 해결할 수 있다.

그러나 계산이 완료되었을 때 그 결과를 추출하기가 어렵다. 또한 큐비트의 중첩은 매우 취약해서 사소한 상호 작용에 의해 깨지는데, 이러한 현상을 결 깨짐이라고 한다. 이 때문에 양자 컴퓨터는 전도유망한 기술이면서도 여전히 개발과 상용화가 어렵다.

정확한 시간 알기

인간이 좋아하는 일 중 하나를 꼽자면 시간 측정이 있다. 크리스토퍼 콜럼버스Christopher Columbus는 아메리카 대륙을 탐험하는 동안 30분짜리 모래시계를 사용하여 시간을 측정했다고 한다. 수세기 동안 위대한 사상가들은 시간 측정 장치의 정확성을 높이기 위해 각자의 지식과 재능을 겨뤄 왔다. 양자 물리학 덕분에 이 정밀도는 20세기에 등장한 원자시계와 함께 절정에 달했다. 이 시계는 빅뱅이 일어나던 당시에 설치됐다면 그동안 단 1초의 오차만 발생했을 정도로 정확하다. 이 정도까지의 정확성은 불필요해 보일 수도 있지만, 위성 유도 장치와 같은 현대 기술에서는 매우 중요하다.

양자는 측정의 과학에 있어서 모순적인 역할을 한다. 한편으로는 각각 다른 것보다 정확한 새로운 세대의 시계, 자기 센서, 전기 센서, 중량 측정 센서를 제공하지만, 다른 한편으로는 '불확정성 원리' 때문에 극복할 수 없는 정확도의 한계가 존재한다는 점을 알려 준다. 물리학자들은 이런 상황에서 정확성을 추구하기 위해 한계에 대처하는 방법을 찾아야만 했다.

귀로 계산하기

'댕' 하고 울리는 종소리와 '짝' 하는 박수 소리에는 어떤 차이가 있을까? 종소리는 음을 쉽게 식별할 수 있어서, 피아노 건반을 두드리다 보면 종소리에 가까운 음을 금방 찾을 수 있다. 그러나 '소음'이라고도 할 수 있는 박수 소리는 그렇지 않다. 왜 그럴까?

소리는 파동이다. 마치 바다에서 울렁이는 파도와도 같다. 소리는 공기층을 압축하고 팽창시키면서 우리 귀까지 전달된다. 소리의 높낮이는 초당 밀려오는 파도의 횟수에 해당하는 파동의 진동수에 의해 결정된다. 손목시계를 찬 채 바다에 떠 있는 작은 보트를 타고 있다고 상상해 보자. 파동의 진동수를 측정하기 위해서는 연속적인 두 파도가 통과하는 데 경과한 시간 간격을 재기만 하면 된다. 초침을 관찰하니 간격은 5초였다. 이 결과는 사실 정확하지 않다. 실제

간격은 4초에서 6초 사이지만, 여기서 더 구체적인 정보를 얻기는 쉽지 않다.

정확도를 높이기 위한 간단한 방법은 열 개의 파도가 통과하는 시간을 측정한 다음 그 결과를 10으로 나누는 것이다. 만일 52초가 소요되었다면 연속적인 두 파도 사이의 시간 간격은 5.2초로, 10분의 1초 단위까지 계산된다. 그렇다면 실제 값은 5.1초에서 5.3초 사이에 있을 것이다. 1000개의 파도가 통과하는 시간을 측정한다면 단순한 시계로도 고급 스톱워치보다 나은 1000분의 1초의 정확도를 얻을 수 있다. 즉 더 많은 파도를 셀수록 파도의 진동수를 보다 정확하게 알 수 있다.

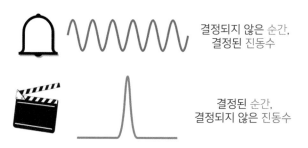

결정되지 않은 순간,
결정된 진동수

결정된 순간,
결정되지 않은 진동수

소리의 높낮이를 결정하기 위해 우리의 귀도 매우 유사한 과정을 겪는다. 즉 여러 개의 마루를 통해 음파의 평균 진동수를 측정한다. 종소리와 박수 소리 사이에는 큰 차이점이 있다. 바로 지속 시간이다. '댕' 하고 울리는 종소리는 오랫동안 울려 퍼지며 긴 파도 행렬처럼 귀가 많은 마루 수를 셀 수 있게 한다. '짝' 하는 박수 소리는 해변에서 부서지는 고강도의 단일 파동인 해일에 가깝다. 단일 파동만으로는 파동 사이의 시간 간격을 측정할 수 없다!

박수 소리는 매우 짧기 때문에 높낮이를 식별하기가 어렵고, 진동수의 불확실성이 높다. 그러나 박수를 치는 순간은 매우 정확하게 결정될 수 있다. 영화 제작자들이 종이 아닌 클래퍼보드를 사용하는 이유도 후반 작업에서 소리와 영상을 동기화하기 위해서다. 짧은 소리는 시간적으로 정확한 지점을 찾기 쉽지만 진동수를 찾기는 어렵다. 반면 긴 소리는 시간이 넓게 분포되지만 진동수는 매우 정확하게 알 수 있다.

이러한 결과는 사실 모든 유형의 파동에 적용되며, 특히 통신 분야에 중요한 영향을 미쳤다. 1927년, 우리가 이제까지 거의 언급하

달팽이관의 기적

프리즘에 의해 무지개 색으로 분산되는 태양 빛처럼, 소리에도 일반적으로 다양한 진동수의 음파가 혼합되어 있다. 모든 진동수가 합쳐져 소리의 스펙트럼을 구성하고 음색을 결정하는데, 이를 통해 바이올린의 A음과 클라리넷의 A음을 구별할 수 있다.

짧은 소리의 정확한 진동수를 귀에서 알아차리기 어려운 것과 관계없이 귀는 '소리 프리즘' 역할을 하는 내이의 작은 나선 기관인 달팽이관 덕분에 소리의 스펙트럼을 구분하는 데 아주 탁월한 능력을 갖고 있다. 이 때문에 박수 소리, 유리의 쨍그랑 소리, 죽은 나무가 갈라지는 소리를 쉽게 구별할 수 있다. 이렇게 짧은 소음을 인식하는 능력은 숲속에 살던 우리의 먼 조상들에게는 진화적 이점이었을 것이다.

지 않은 양자 이론의 선구자 중 한 명인 독일 물리학자 베르너 하이젠베르크Werner Heisenberg는 양자 파동에 동일한 추론을 적용할 생각을 했다. 굉장히 색다른 물리적 함의를 갖는 **불확정성 원리**가 탄생하는 순간이었다.

진공 속 개미집

먼저 불확정성 원리를 빛에 적용해 보자. 빛은 본질적으로 양자 파동이므로 빛의 섬광이 짧을수록 그 진동수는 명확하게 정의되지 않는다. 그런데 광자의 진동수는 광자의 에너지와 직접적으로 연관되어 있다(2장 참조). 여기서 다음과 같은 추론을 이끌어 낼 수 있다. 양자 시스템이 더 짧게 유지될수록 그 에너지는 더 흐려진다. 이는 추상적으로 들릴 수도 있지만 절대적으로 분명한 결론을 도출한다. '진공은 존재하지 않는다'라는 것이다.

　사실 진공은 모든 것의 부재를 의미하며, 따라서 완벽히 에너지가 0인 상태다. 그러나 짧은 시간 동안 이러한 진공 상태를 관찰하면 불확정성 원리에 따라 그 에너지에 불확정성이 발생한다는 사실을 알 수 있다. 다시 말해 에너지를 정확하게 알 수 없다. 이러한 모순을 해결할 수 있는 유일한 방법은 진공이 실제로는 완전히 비어 있는 상태가 아님을 받아들이는 것이다.

진공 상태는 개미집과 비슷하다. 멀리서는 아무것도 움직이지 않는 것처럼 보이지만, 가까이 다가가 살펴보면 양자 요동이라는 작고 기이한 사건들로 가득 차 있다. **양자 요동**은 무無로부터 생성된 입자 쌍이 서로를 즉각적으로 소멸시키는 현상을 일컫는다. 이러한 사건들은 아무리 순간적일지라도 진공에 물질, 심지어 측정 가능한 에너지를 제공한다.

양자 소용돌이

뱃사람이라면 절대 거친 바다에서 배 두 척을 나란히 놓아서는 안 된다는 사실을 잘 알고 있다! 파도에 떠밀려 결국 두 배가 충돌할 것이기 때문이다. 실제로 두 배 사이의 공간은 바람으로부터 보호되며, 그곳에서 일렁이는 잔물결은 선체 반대편의 파도를 상쇄시키지 못한다. 이와 유사한 현상을 양자 세계에서도 발견할 수 있다. 파도가 아니라 진공의 요동에서 발생하는 현상, 바로 카시미르 효과Casimir effect다.

두 개의 금속판을 서로 평행하게 놓으면 둘 사이의 공간보다 금속판의 바깥에서 더 큰 양자 요동이 일어나 두 금속판을 점점 가깝게 만드는 힘을 받는다. 이 힘은 매우 약해서 두 금속판이 매우 가까이 놓여 있을 때에만 가시적인 효과를 발휘한다. 네덜란드의 물리학자 헨드릭 카시미르Hendrik Casimir가 예측한 효과를 1997년에 실제로 처음 관측하기까지는 50년이라는 시간이 걸렸다. 오늘날 이 효과는 트랜지스터가 양자 영역에 들어갈 정도로 작은 크기에 도달한 마이크로프로세서 제조업자들의 관심을 받고 있다. 또 한편으로는 나노 크기 물질들의 위치를 정밀하게 측정하는 데에도 사용될 수 있다!

움직이지 않는 것은 아무것도 없다

빛 다음으로 불확정성 원리를 적용할 수 있는 순수 양자 파동의 또 다른 유형은 전자와 같은 양자 입자의 위치를 확률적으로 기술하는 파동 함수다(4장 참조). 이 파동도 동일한 법칙을 따른다. 즉 파동이 더 국소적일수록 그 진동수는 더욱 흐려진다. '국소적'이라는 것은 어떤 의미일까? 간단하다. 파동이 공간의 한곳 주위에서 촘촘해지면서 전자 위치의 불확정성이 낮아지는 것이다. 파동 함수의 진동수는 물리적으로 전자의 속도에 해당한다. 따라서 불확정성 원리는 전자의 위치가 정확하게 밝혀질수록 전자의 속도는 더욱 크게 변동한다는 것을 알려 준다. 사실 베르너 하이젠베르크가 1927년에 발표한 불확정성 원리는 이러한 형태였다.

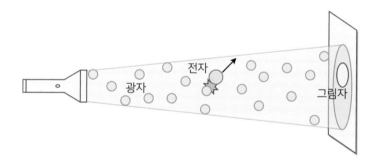

놀랄 만한 진술이다. 이해를 돕기 위해 어둠 속에서 열쇠를 찾을 때처럼, 전자에 빛을 비춰 전자의 위치를 파악해 보자. 이것은 곧 광자를 방출하는 것을 의미한다. 전자가 흡수한 광자들은 벽에 '그림자'를 만들어 전자의 위치를 알린다(151쪽 그림 참조). 그런데 전자가 광자를 흡수할 때, 전자는 마치 당구공에 부딪히듯 반동을 일으켜 움직임에 영향을 받는다. 따라서 빛을 비추면 비출수록 그림자가 더욱 선명해지기 때문에 전자의 위치에 대한 정보는 더 많아지지만, 흡수된 광자로 인해 변한 전자의 속도에 관한 정보는 줄어든다.

이 원리로부터 도출되는 특히 당혹스러운 결론은 어떤 양자 입자도 정지해 있지 못한다는 점이다. 실제로 어떤 입자가 움직이지 않는다면 그 속도는 엄격히 말해서 0이므로 입자의 위치는 완벽하게 결정되지만, 이는 우리의 신성불가침한 불확정성 원리에 위배된다. 이러한 아이디어는 우리의 관점에서는 터무니없는 것처럼 보일 수도 있다. 우리 주변의 테이블, 테이블이 놓인 카펫, 테이블 위에 놓인 볼펜 등 대부분의 사물은 정지해 있는 듯이 보이기 때문이다. 그러나 미시적인 차원에서 이러한 사물을 구성하는 분자들은 끊임없이 움직이고 있다.

불확정적인 것일까, 불확실한 것일까?

1927년 발표된 이후, 불확정성 원리는 수많은 잘못된 믿음을 야기했다. 그러한 믿음은 실제로 위치와 속도는 매우 잘 정해진 값을 갖고 있지만, 자연이 적절한 가리개 작용을 해 우리가 그 값에 접근하는 일을 막고 있다고 암시한다. 그러나 실제로 입자의 위치와 속도 값은 본질적으로 '미확정'적이다. 원자의 정확한 위치에 대해 말하는 것은 산맥의 정확한 좌표를 밝히는 것만큼이나 의미가 없다. 하이젠베르크는 이 혼란의 원인을 빠르게 인지하고 '불확정성 원리'를 '미확정성 원리'로 바꾸어 명명하자고 제안했지만 안타깝게도 이미 많은 오해를 불러일으킨 뒤였다.

불확정성 원리는 세계에 대한 우리의 무지를 확인하는 약점 고백이 아니다. 이는 오히려 물리량과 관련된 불확실성을 정확하게 정량화할 수 있는 수학적 관계. 다시 말하지만 양자 이론은 모호함 속에서 뚜렷한 시야를 가진다. '불확정성 원리'보다는 '미확정성 관계'라고 부르는 편이 나을지도 모르겠다.

절대 영도를 찾아서

물체의 온도는 그것을 구성하는 분자들이 움직이는 속도에 따라 결정된다. 예를 들어 열기구의 버너를 켜면 풍선에 포함된 공기 분자의 움직임이 가속되어, 빠른 속도로 충돌하는 공기 분자들이 풍선을 부풀린다. 반대로 물체의 온도를 낮추면 분자의 움직임은 서서히 줄어든다. 그렇다면 어디까지 온도를 낮출 수 있을까?

선험적으로는 미시 입자들이 움직임을 멈출 때까지 온도를 낮출 수 있다. 이 온도를 **절대 영도**라고 한다. 절대 온도를 나타내는 켈빈(K) 단위계에서 최저점의 극한을 가리키며, 섭씨온도로는 약 영하 273.15도다. 절대 영도에서 입자들은 완전히 얼어붙어서 모두 정지 상태가 된다.

입자의 움직임이 모두 멈춘다니, 당신은 벌써 화가 났을지도 모른다. 불확정성 원리에 명백히 위반되는 소리 아닌가! 어떤 입자도 완벽한 정지 상태가 될 수 없기 때문에 실제로는 절대 영도에 도달할 수 없다. 정지된 상태를 극도로 싫어하는 불확정성 원리 때문에 입자들은 억제할 수 없는 양자적 움직임을 항상 유지할 것이다.

이 이유로 우리는 걱정 없이 액체 헬륨을 원하는 만큼 낮은 온도로 냉각시킬 수 있다. 절대 얼지 않을 것임을 알기에 가능한 일이다. 헬륨 원자는 아주 미세한 양자적 움직임만큼만 서로를 끌어당겨서 고체 상태를 형성할 수 없도록 한다. 액체 헬륨은 차가움을 다루는 학문인 극저온학^{cryogenics} 입장에서는 금광이나 다름없다, 액체 헬륨은 또한 다음 장에서 만나게 될 MRI 장비와 자기 부상 열차 등의 몇몇 기기에서도 사용된다.

역대 가장 낮은 온도

물리학자들은 기록 깨기를 좋아한다. 절대 영도에 도달할 수 없다면 최대한 그것에 가까이 접근해 보는 것 역시 그들 스스로가 세운 도전 과제 중 하나다. 2021년 8월, 독일 브레멘대학의 연구 팀은 절대 영도보다 몇조 분의 1도 정도 높은 온도에서 기체를 냉각시켜 도전 기준을 매우 높게, 아니, 매우 낮게 설정했다.

온도를 낮춘 방법은 자연적으로 물체의 움직임을 만들어 내는 중력을 없애는 것이었다. 이를 달성하기 위해서 연구 팀은 이런 종류의 엉뚱한 실험을 위해 특별히 지어진 140미터 높이의 브레멘 드롭 타워 연구 시설에서 귀중한 기체를 방출했다. 따라서 이 시스템은 자유 낙하 상태에서 지구상, 어쩌면 우주의 그 어느 곳에서도 본적 없는 가장 낮은 온도에 도달했다!

언젠가는 이해할 수 있을 것이다. 양자 세계는 절대 비어 있지도 멈춰 있지도 않으며, 분명 절대 쉬지 않는다.

수정 없는 시계

만일 지금 손목에 시계를 차고 있다면, 그 시계는 아마도 작은 수정으로 구동되고 있을 것이다. 수정에 전압을 가하면 마치 1만 분의 1초를 측정하는 초고속 진자처럼 초당 3만2768번 역학적으로 진동한다. 수정의 진동은 매우 규칙적이기 때문에 손목시계는 하루에 1초 미만 즉, 1년에 단 몇 분 정도의 오차만을 발생시킨다.

이 정확도는 값이 저렴하고 일상 용품으로도 충분히 활용 가능하다는 점에서 매우 놀랍다. 그럼에도 불구하고 수정의 진동수는 시계의 모델마다 미세하게 다를 수 있다. 신뢰할 수 있고 절대적으로 동일한 시계를 제작하는 가장 이상적인 방법은 우리가 생각하기에 엄격히 동일하다고 여기는 물질을 사용하는 것이다. 예를 들어 원자는 어떨까?

원자는 아주 작은 기타와 유사하다고 이야기했던 것을 기억해보자. 원자의 전자는 아주 정확한 값으로 나타나는 에너지 준위에서 찾을 수 있다(3장 참조). 전자가 한 준위에서 더 낮은 준위로 전이될 때, 전자는 수정과는 달리 항상 일정한 진동수로 광자를 방출한다. 이 아이디어를 기반으로 1967년에 1초는 "세슘-133 원자의 바닥상

155

태에서의 두 초미세 에너지 준위 간의 전이에서 방출되는 복사선이 91억9263만1770번 진동하는 데 걸리는 지속 시간"으로 정의되었다.

이 복잡한 정의는 1초의 시간을 정확하게 결정할 수 있는 '실용적인' 방법을 제시한다는 장점이 있다. 세슘 원자를 가져와 마치 조율기로 기타 음의 높낮이를 확인하듯 두 개의 초미세 에너지 준위 사이의 진동수를 측정하는 것으로 충분하다.

그러나 원자의 경우에는 측정이 그리 쉽지만은 않다. 자동차 경주 팬들 사이에는 잘 알려진 **도플러 효과** 때문이다. 카메라 앞을 지나가는 포뮬러 원 자동차 특유의 거칠고 강한 소음도 도플러 효과로 인해 발생한다. 구급차의 사이렌 소리가 가까워질수록 높아지고 멀어질수록 낮아지는 현상 역시 이와 유사하다. 일반적으로 움직이는 파원에서 방출된 파동은 정지 상태의 관찰자에 대해 수정된 진동수를 갖는다.

모든 방향으로 움직이는 원자의 집합에서 방출되는 광자를 관찰하는 물리학자는 이와 동일한 현상에 직면한다. 그를 향해 움직이는 원자에서 방출된 광자의 진동수는 도플러 효과에 의해 증가하고, 그에게서 멀어지는 원자에서 방출된 광자의 진동수는 감소한다. 따라서 가능한 한 정확하게 원자의 전이 진동수를 측정하기 위해서는 원자의 속도를 늦춰야 한다. 다시 말해 가능한 한 온도를 낮추어 냉각시켜야 하는 것이다(157쪽 상자 참조). 오늘날 대부분의 원자시계는 **저온 원자**로 작동한다.

불확정성 원리 때문에 불가능하기는 하지만, 원자를 절대 영도까지 냉각시킬 수 있다고 가정해 보자. 원자시계가 무한히 정확할 것이라고 단언할 수 있을까? 여전히 그렇지 않다! 광자는 세슘 원자가 바닥상태로 전이할 때 방출되는 섬광이다. 그 지속 시간은 박수 소리처럼 짧은데, 이것은 진동수에 대한 돌이킬 수 없는 불확정성을 암시한다. 여전히 불확정성 원리의 영향하에 있는 것이다. 여기서 불확정성 원리는 또 한 번 우리를 당혹스럽게 만든다!

빛을 비추어 냉각시키기

원자를 냉각하는 가장 좋은 방법은 흥미롭게도 빛을 이용하는 것이다. 우리의 체온을 높이는 것은 태양이지만 냉각이 곧 감속을 의미하는 나노 단위의 세계에서는 그렇지 않다. 자동차 세차장에서 분사되는 물줄기처럼, 모든 방향에서 주입하는 레이저 빔으로 원자를 가두는 것이다.

원자가 트랩에서 벗어나려 하면 원자와 정면으로 충돌하는 광자들은 도플러 효과에 의해 그 진동수가 증가한다. 물줄기에 가까이 다가갈수록 그 세기가 강해지는 것처럼 말이다. 바로 이 점을 활용하는 것이다. 레이저 빔의 진동수를 알맞게 설정하면 광자들은 원자의 전이 진동수에 정확히 도달해 흡수되면서 원자를 뒤로 밀어낸다. 알제리 출신의 프랑스 수학자 클로드 코엔타누지Claude Cohen-Tannoudji는 레이저 냉각 기술을 구현한 공로로 1997년 노벨상을 수상했다.

짤 보이게 압축하기

요약하자면 입자는 공간 위치가 정해질수록 속도를 결정하기가 어렵고, 시간 위치가 정해질수록 에너지를 결정하기가 어렵다. 하이젠베르크의 불확정성 원리는 측정 가능한 변수 하나가 정확히 결정되면 나머지 하나는 모호해지는 켤레 변수를 갖는다고 설명한다. 위치와 속도는 지속 시간과 에너지와 마찬가지로 켤레 변수 관계에 있다.

만약 두 켤레 변수를 축으로 하는 그래프에 어떤 양자 시스템의 상태를 표현한다면, 그것은 점이 아니라 환원 불가능한 양자 흐림을 특징짓는 풍선 모양으로 나타낼 수 있다. 그러나 불확정성 원리는 총 부피가 일정하게 유지되는 한, 풍선의 모양을 변형하는 것을 허용한다.

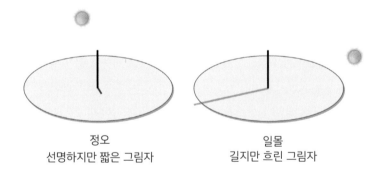

정오
선명하지만 짧은 그림자

일몰
길지만 흐린 그림자

땅에 막대기를 꽂아 태양의 그림자를 이용해 시간을 파악하는 해시계로 켤레 변수 사이의 관계를 설명해 보자(158쪽 그림 참조). 시간을 잘 파악하려면 가능한 한 선명하고 긴 그림자가 필요하다.

태양의 고도가 정점에 있을 때, 막대기의 그림자는 매우 선명하지만 짧고 꽉 차 있다. 쉽게 찾을 수는 있지만(위치에 대한 불확실성이 낮음), 방향을 읽기는 어렵다(방향에 대한 불확실성이 높음). 반대로 해질 무렵의 태양은 하늘에 낮게 떠 있어서 막대기의 그림자가 길어지지만, 햇빛이 약해져서 그림자가 선명하지 않다. 해가 가장 높이 떠 있는 정오 즈음의 불확실성 풍선은 '위치' 쪽으로 압축되고, 일몰 즈음에는 '방향' 쪽으로 압축된다고 할 수 있다(159쪽 그림 참조).

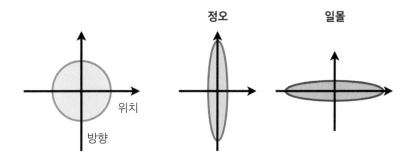

우리의 목표가 가능한 한 정확하게 시간을 읽는 것이라면, 비록 (그림자를 잘 식별하기 위한 좋은 시력 같은) 추가적인 노력이 필요하겠지만 일몰의 경우가 보다 흥미로울 것이다. 일반적으로 말하면, 정확한 측정을 위해서 물리학자들은 켤레 변수의 원치 않는 변동을 수반하더라도 가장 관심 있는 방향으로 양자 시스템을 압축하는 방식으로 불확정성 원리를 다루어야 한다. 불확정성 원리로 인해서 측정의 정확성에 한계가 있을 수 있지만, 다행스럽게도 해결책이 제공된다.

최신형 원자시계의 정확성을 향상시키기 위해 활용되는 것이 바로 이 원리다. 실제로 불확정성의 풍선을 어떻게 압축할 수 있을까? 해답은 없지만 얽힘 현상이 큰 도움이 될 수 있다. 시계의 저온 원자들 사이에 얽힘이 발생하면 방출 진동수의 불확정성을 100으로 나눌 수 있다. 아직도 얽힘 현상에 대해 놀랄 일이 남았다는 또 하나의 증거다.

시간 맞추기

양자 시계의 가장 핵심적인 업적 중 하나는 상대성 이론에서 예측하는 시간 팽창 효과를 측정할 수 있다는 것이다. 이 책에서는 단적으로만 언급했던 상대성 이론은 움직이는 관찰자의 시간은 정지한 관찰자에 비해 느려진다는 것을 명시한다. 더욱 놀랍게도 시간은 중력의 영향을 받아 높은 고도에서 더 빠르게 흐른다!

1971년, 두 명의 미국 물리학자는 원자시계를 두 대의 비행기에 장착하여 놀라운 실험을 수행했다. 한 대는 동쪽 방향으로 지구를 돌고, 또 다른 한 대는 서쪽 방향으로 지구를 돌았다. 두 비행기가 다시 출발점으로 돌아왔을 때, 비행기에 장착했던 시계 두 대와 지상에 그대로 두었던 세 번째 시계를 비교해 보니 약 10분의 1 마이크로초의 시차가 발생한 것을 확인할 수 있었다. 비행기의 고도와 움직임을 고려할 때, 시차는 상대성 이론의 방정식에 따라 예측된 결과와 완벽히 일치했다.

비행기에서 느끼는 아주 작은 시간의 왜곡 현상을 측정하는 것이 일상생활과는 동떨어진 것처럼 느껴지는가? 틀렸다. GPS가 우리의 위치를 정확하게 파악할 수 있는 이유는 원자시계의 정확성 덕분이다. 지도상의 위치를 파악하기 위해 스마트폰은 고도 수만 킬로미터 궤도에 있는 세 대의 위성이 보내는 전파를 지속적으로 수신하고, 네 번째 위성을 통해 이 전파가 스마트폰에 도달하는 데 걸리는 시간을 계산한다. 전파는 빛의 속도로 이동하므로 마이크로초 정도의 미세한 오류조차도 약 300미터가량의 위치 오류를 야기할 수 있다!

미터 단위의 정밀도를 얻기 위해서는 위성이 나노초 단위에 근접한 시간을 측정해야 하고, 이를 위해서는 원자시계의 정밀도가 요구된다. 위성은 귀중한 마이크로초의 지연을 초래하는, 고도에 따른 시간 왜곡을 지속적으로 고려해야 한다. 아인슈타인이 선구자가 되었던 두 개의 주요 물리학 이론인 상대성 이론과 양자 물리학은 우리가 스마트폰에서 지도를 켤 때마다 활용되고 있다!

SF 속 양자 물리학

중력에 의한 시간 왜곡은 크리스토퍼 놀런 감독의 영화 〈인터스텔라〉(2014)에서 아주 훌륭하게 묘사된다. 주인공이 방문한 행성들 중 하나는 블랙홀과 매우 가까운 위치에 있어서, 그곳에서의 한 시간은 지구에서 보내는 7년과 동일하다. 주인공이 자신보다 나이가 많아진 딸을 만나게 되는, 그다지 즐겁지 않은 놀라움의 원인이다!

영화 각본상 상대론적 효과가 과장되기는 했지만, 이 효과는 지구에서도 상당히 쉽게 관측할 수 있다. 우리가 가진 가장 고성능 원자시계는 고도가 몇 센티미터 차이 나는 두 지점 사이에서 발생하는 시간 흐름의 속도 차이를 감지할 수 있다!

개념 요약: 불확정성 원리

하이젠베르크의 불확정성 원리(또는 미확정성 원리)는 양자 시스템의 특정한 속성을 동시에 알 수 없다는 것을 설명한다. 한 가지를 정확히 측정하려고 할 때, 다른 것에 관한 정보는 필연적으로 잃게 된다.

불확정성 원리는 놀라운 결과를 야기한다. 움직이지 않는 것은 아무것도 없으며, 진공 상태도 존재하지 않는다는 것이다. 그러나 불확정성 원리는 매우 구체적으로 응용되기도 한다. 정밀한 측정을 위해 물리학자들은 불확정성 원리의 이점을 잘 활용해야 한다.

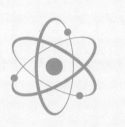

종양 발견하기

어렸을 때 가지고 놀던 자석을 떠올려 보자. 자석은 서로 끌어당기기도 하고 밀어내기도 한다. 자석의 신기한 능력을 보고 놀라지 않은 아이가 있을까? 양자 물리학은 우리의 현실과 동떨어진 물체에 대해서만 설명하는 것처럼 보이지만, 냉장고에 붙어 있는 자석처럼 평범한 일상 용품에서도 그 모습을 드러낸다.

자성은 수세기 동안 연구되어 왔지만, 자석의 진정한 본질은 물질 입자의 양자적 성질인 '스핀'의 발견을 통해서 이해되었다. 20세기의 가장 중요한 의학적 혁신 중 하나인 자기 공명 영상MRI에 물리학자들이 도달한 것도 바로 스핀에 관한 연구 덕분이었다.

자연의 방패

자연의 모든 경이로운 현상 중에서 극지방의 오로라가 뿜어내는 우아함과 경쟁할 수 있는 것이 있을까? 밤하늘에 녹색의 그러데이션 커튼이 일렁이는 오로라는 사실 태양이 분출하는 엄청난 입자들이 지구의 자기장에 충돌하여 발생하는 태양풍의 잔여물이다. 태양풍을 막아 내는 자연 방패인 지구 자기장은 태양풍 입자들이 지구의 자극 방향으로 모이도록 만들어 인간과 다른 지구 생명체를 암의 위험으로부터 보호한다. 상층 대기권에 도달한 입자들은 공기 분자와 충돌하면서 캐나다와 뉴질랜드 같은 나라의 하늘을 정기적으로 가로지르는 녹색 빛을 방출한다.

우리를 보호하는 이 자기장은 사실 지구의 깊은 곳에서 나온다. 지구의 뜨거운 핵에는 금속이 녹아 있는 층이 있는데, 이 층은 지구의 회전으로 인해서 남북 축을 중심으로 회전한다. 전하의 움직임이 그 주위에 자기장을 생성한다는 사실은 18세기부터 알려져 있었다. 전류가 흐르는 전선 가까이에 나침반을 가져가면 이를 볼 수 있다. 바늘은 전선에 수직인 방향을 가리킨다.

그렇다면 냉장고에 붙어 있는 그 유명한 냉장고 자석들은 어떨까? 자석에는 건전지가 없기 때문에 이들의 자성은 아마 전류의 존재로 설명할 수 없을 것이다. 자석이 생성하는 자기장은 다른 원인을 가질 것임에 틀림없다. 그 비밀을 찾기 위해, 다시 원자의 세계로 돌아가자.

혼란스러운 원자

20세기 초, 원자가 전자로 둘러싸인 핵으로 구성된다는 사실을 이해한 물리학자들은 자연스럽게 전자가 핵 주위를 회전하며 자기장을 생성해 원자를 작은 자석으로 변형시킬 것이라고 상상했다.

1922년 독일의 물리학자 오토 슈테른Otto Stern과 발터 게를라흐Walter Gerlach는 나노미터 자석의 성질을 조사하기 시작했다. 이를 위해 수직 방향으로 강한 자기장을 생성하는 큰 자석을 사용한 그들은 원자들을 분사하여 자기장을 통과하도록한 후, 자석 뒤에 놓인 스크린에 나타난 원자의 자취를 관찰해 그 궤적을 추론하고자 했다.

이 장치에 실제 자석을 통과시킨다면 자석은 그 방향에 따라 다

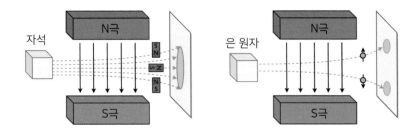

르게 편향될 것이다. 자석의 N극이 위를 향할 때 자석의 방향은 아래로 편향되고 반대로도 마찬가지일 것이다. 반면 N극이 수평 상태에 놓인다면 위아래의 힘은 상쇄되기 때문에 자석은 편향되지 않는다. 모든 중간 방향에서는 수직축에 대해서 자석이 형성하는 각도에 비례하여 편향된다. 따라서 무작위 방향의 자석들을 이 장치에 통과시키면 스크린에는 수직 방향으로 퍼진 흔적이 남아야 한다(168쪽 왼쪽 그림).

그러나 은 원자로 실험을 했을 때 슈테른과 게를라흐는 스크린의 위쪽과 아래쪽에 뚜렷하게 나타난 두 개의 얼룩을 관찰했다(168쪽 오른쪽 그림). 마치 작은 원자 자석들이 위 또는 아래로만 향할 수 있는 것처럼!

회전일까, 아닐까

슈테른과 게를라흐의 실험은 근본적인 실험이다. 이 실험은 에너지 준위와 마찬가지로 원자의 자기화가 양자화된다는 것을 보여 준다.

자기화는 N극과 S극이라는 두 가지 상태로만 가능하다. 중간 상태는 있을 수 없다. 따라서 자기화는 양자적 속성을 가질 수밖에 없다. 실험 몇 년 후, 물리학자들은 핵 주위 전자들의 움직임으로는 은 원자의 자기화를 설명할 수 없다는 것을 깨달았다. 원자의 자기화는 사실 전자 자체의 본질적인 속성인 **스핀**에서 비롯된다.

전자를 작은 팽이로 상상해 보면 좀 더 쉬울 것이다. 작은 팽이는 지구처럼 자체 회전으로 인해 자기장을 생성한다. 바로 이것이 '스핀'이라는 이름이 붙은 이유다. 그러나 사실 이러한 묘사에는 오해의 소지가 있다. 우리가 아는 한 전자는 크기가 무한히 작기 때문이다. 실제로 물리학은 이 스핀이 어디에서 발생하는지를 설명하지 못한다. 전자의 전하가 어디에서 오는지 설명하지 못하는 것처럼 말이다. 물리학은 '왜'가 아닌 '어떻게'를 설명할 뿐이다. 따라서 스핀은 어떤 축을 중심으로 고전적으로 회전하는 것이 아닌, 전자의 순수한 양자적 속성으로 생각되어야 한다.

눈 속의 나침반

철새들은 어떻게 방향을 잃지 않고 지구 절반을 횡단할 수 있을까? 자연 가설에 따르면 철새들은 태양을 보고 방향을 잡는다는데, 그렇다면 밤이 거나 태양이 가려져 하늘이 어두울 때는 어떻게 할까? 북쪽 방향을 절대 놓치지 않는 철새들의 능력은 오늘날 과학자들을 여전히 매혹시킨다. 2021년, 조류학자와 물리학자와 화학자로 구성된 한 연구 팀은 그 해답을 찾았다고 발표했다.

울새의 눈에는 나침반처럼 지구의 자기장을 감지하는 크립토크롬 cryptochrome이라는 단백질이 들어 있다. 그 메커니즘은 꽤 복잡하다. 크립토크롬 단백질은 서로 다른 자기장을 감지하고 크립토크롬의 화학적 특성에 영향을 미치는 얽힌 스핀 상태인 두 개의 전자를 생성할 수 있다. 물리학자들이 극도로 추운 실험실에서 머리를 쥐어뜯고 있을 때 울새는 어떻게 이러한 얽힘 현상을 유지할 수 있을까? 늘 그렇듯, 자연과 진화의 위력은 우리를 능가한다.

자석의 비밀

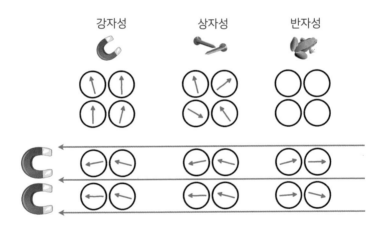

전자는 원자와 분자 안에서 쌍으로 결합하는 경향이 있다. 전자는 항상 반대 스핀을 가진 전자와 결합하므로 두 전자에 의한 자기장은 상쇄된다. 따라서 짝수 개의 전자를 갖는 원자와 분자는 자석처럼 행동하지 않는다. 이를 **반자성 물질**이라고 한다. 물과 산소 같은 우리 주변의 분자 대부분이 반자성 물질이다.

전류를 전달할 수 있는 '자유' 전자를 단일 전자로 갖는 금속 원자의 경우는 그렇지 않다. 슈테른과 게를라흐의 은 원자를 작은 양자 나침반으로 바꾼 것은 바로 자유 전자다. 철과 같은 일부 금속에서 양자 나침반은 그 효과를 더하여 더 광범위한 자기장을 생성하기 위해 정렬할 수 있는데, 이것을 **강자성**이라고 한다. 냉장고 자석과 같은 영구 자석을 작동시키는 원리가 바로 이것이다. 신용 카드의 자기 테이프는 다시 자화할 때 실제로 양자 스핀을 재정렬한다.

어떤 금속에서는 양자 나침반들이 무작위 방향으로 배열되어 각각의 효과를 무효화한다. 그러나 외부 자기장이 있을 때 나침반은 다시 정렬될 수 있다. 이것을 **상자성**이라고 한다. 알루미늄 포일이 그 예다. 알루미늄 포일을 자석 가까이 가져가면, 포일은 들릴 수 있을 정도로 약하게 자회된다.

 ## SF 속 양자 물리학

반자성의 원자와 분자는 자기장에 끌어당겨질 뿐만 아니라 약간 뒤로 밀리는 경향도 있다. 특히 물과 살아 있는 세포들의 경우가 그렇다.

엑스맨의 숙적인 마블의 악역 캐릭터 매그니토는 강한 자기장을 생성하고 자신의 몸의 반자성을 이용해 스스로의 몸을 공중에 띄운다. 그리 비현실적이지만은 않은 초능력이다. 2000년, 한 연구 팀은 박테리아가 살고 있는 물에 강력한 자석을 작용시키는 것만으로 개구리를 공중에 띄우는 데 성공했다! 실험을 진행한 연구 팀은 그해의 가장 황당한 과학적 발견을 풍자하는 노벨상의 패러디 상인 '이그노벨상'을 수상했다.

위상 맞추기

자, 이제 물리학이 제공하는 가장 강력한 분석 도구 중 하나인 '핵자기 공명Nuclear Magnetic Resonance, NMR'을 이해할 모든 준비가 됐다. NMR은 MRI 기술처럼 정밀하고 인체에도 무해한 기술을 의학 분야에 제공하기도 했지만, 화학 분야에서는 분자를 매우 정확하게 식별할 수 있는 혁명을 일으켰다.

우선 물리학에서 말하는 **공명**의 의미를 살펴보자. 우리 모두는 사실 어렸을 때 친구들과 그네를 밀며 이 원리를 깨우쳤다. 우리는 그네의 속도를 높이려면 그네가 가장 높이 올라간 바로 그 순간에 밀어야 한다는 사실을 아주 잘 알고 있다. 다시 말하면, 그네의 자연스러운 움직임에 맞춰 힘을 가해야만 에너지를 얻을 수 있는 것이다.

소리와 관련된 분야에서 사용하는 용어인 공명과는 어떤 관계가 있을까? 흔히 공명은 잔향과 혼동되어 쓰인다. 교회에서는 반향이 생기기 때문에 '공명'한다고 말한다. 물리학에서 말하는 공명은 물체가 고유한 진동수 중 하나에서 진동할 때 발생하는 증폭 현상을 가리킨다. 예를 들어 기타 줄을 튕기면 기타 줄을 따라 이동해 끝에서 튕기는 모든 종류의 파동이 발생한다. 그러나 우리는 한 개의 음만을 들을 수 있다. 그 음은 기타 줄을 따라 왕복하는 동안 정확히 한 번 진동하는 파동에 해당한다. 제자리로 돌아올 때마다 다시 밀어주는 그네와 마찬가지로, 다른 파동이 빠르게 가라앉는 동안 그 음은 공명에 의해 증폭된다.

그네의 속도를 높이는 또 다른 방법이 있다. 한 번 왕복할 때마다 밀지 않고, 두 번 또는 세 번 왕복할 때 한 번 미는 것이다. 기타 줄의 경우도 마찬가지다. 기본 진동수의 배수인 일부 2차 파동이 공명에 의해 증폭된다. 이것이 바로 소리의 음색을 결정하는 '배음'이다(173쪽 그림 참조).

기본음   제1배음   제2배음   제3배음

공명의 위험성

악기 연주에서 나타나는 공명은 바람직하지만, 원치 않은 곳에서 나타나는 공명은 때때로 바람직하지 않다. 탈수 과정에서 심하게 흔들리는 세탁기를 본 적이 있을 것이다. 드럼통이 회전하면서 세탁기의 자연 진동수 중 하나를 자극할 때 심한 흔들림이 발생한다. 소리의 불편함보다 훨씬 괴로운 일이다.

19세기에 군인들이 그 위를 도보할 때 다리가 무너진 기록을 꽤 여러 차례 발견할 수 있다. 군인들의 규칙적인 보행 속도가 불행하게도 다리의 공명 진동수 중 하나와 일치하여 발생한 사건들이다. 그 이후로 군인들은 다리를 건너기 전에 걸음을 잠깐 끊어야 한다는 사실을 깨달았다. 일반적으로 모든 건설 분야에서 엔지니어들은 자동차의 불쾌한 소음을 방지하거나 건물을 지진으로부터 보호하기 위해서 공명 현상을 경계하는 법을 배운다.

스핀의 노래

MRI는 원자를 공명시켜 신체 조직의 특성을 검사한다. 여기에도 스핀이 작용한다.

어린 시절 팽이를 쳐 본 적이 있다면, 팽이 속도가 느려질 때 팽이의 촉이 지지대 위에서 원을 그리며 회전하는 동안 팽이의 회전축은 연직 축에 대해 회전했던 것을 기억할 것이다. 이것을 세차라고 한다. 자기장에 스핀을 놓으면 같은 일이 발생한다. 스핀은 자기장의 세기에 비례하는 속도로 자기장의 축을 중심으로 회전하기 시작한다.

MRI 장치는 환자가 그 안에 누울 수 있는 일종의 터널 같은 거대한 원통형 코일로 되어 있다. 코일에 강한 전류를 주입하면 이 장치에 강력한 자기장이 발생한다. 원통은 마치 망치로 두드리는 것 같은 요란한 소리를 내며 진동하기 시작한다. 그래서 환자들이 헬멧을 쓰기도 한다. 이렇게 생성된 자기장은 어마어마하다. 지구 자기장보다 수천 배 강력하기 때문에 원통 안에서는 휴대전화나 시계 등 조금이라도 자성을 띄는 물체는 모두 제거해야 한다.

이 자기장의 세기는 원통의 한쪽 끝에서 반대쪽 끝으로 갈수록 증가하기 때문에 스핀의 세차 속도는 원통을 따라 변한다. 원통의 특정 부분에서 스핀을 '공명'시키려면 스핀의 세차 속도와 동일한 진동수의 전파를 전달해야 한다. 실제로 각각의 스핀은 하나의 진동수만 수신할 수 있는 작은 라디오 안테나처럼 작동한다. 발의 스핀은 채널 A를, 발목의 스핀은 채널 B를, 무릎의 스핀은 채널 C를 수신하는 셈이다. 발에서 무릎까지 스캔하려면, 방사선과 의사는 그저 채널 A부터 채널 C까지의 진동수를 스캔하면 된다.

스핀은 같은 진동수의 전파를 받으면 그네처럼 공명하며 에너지를 얻는다. 그런 다음 반향을 들어 보면, 반향은 잠시 후 이 에너지를 방출한다. 반향의 지속 시간은 조직의 종류에 따라 달라진다. 지방이 많은 조직은 수분이 많은 영역보다 에너지를 더 빨리 방출하는 경향이 있는데, 덕분에 스캔하는 영역의 정확한 이미지를 얻을 수 있다. 이제 알겠는가? 거대한 MRI 기계 안에서 당신의 몸은 정말 라디오가 된다!

X선 촬영을 대체하다

이론 물리학이 현실 세계와 그리 동떨어져 있지 않다는 사실을 아직 믿지 못하겠다면, 입자 물리학에서 비롯된 또 다른 의학계의 혁명인 양성자 치료에 대해 알아보자. 양성자 치료는 X선을 빛의 속도에 가까울 만큼 가속시킨 양성자로 대체해 방사선 치료보다 인체에 훨씬 덜 침투하는 형태로 종양을 치료할 수 있다.

양성자 치료의 이점은 상당하다. X선은 신체를 통과할 때 X선이 광자가 흡수되므로 전파되는 동안 약해진다. 종양이 깊이 위치해 있을 경우 방사선 치료는 표면 조직에 상당한 손상을 입힐 수 있다. 그러나 양성자는 원자에 흡수되는 것이 아니라 원자와 충돌한다. 빠른 속도로 몸속으로 침투해 충돌하며 속도가 느려지는 총알처럼, 양성자는 속도가 느려질수록 원자와 더 많이 상호 작용하고 충격은 더 커진다. 양성자가 멈춘 순간 최대 에너지가 방출되므로 주변 조직은 살리면서 종양을 정확히 겨냥할 수 있다.

개념 요약: 스핀

스핀은 전자와 같은 일부 양자 입자의 속성으로, 아주 작은 자기장을 생성한다. 대부분의 물질에서 스핀은 서로 상쇄되지만, 자석에서는 모든 스핀이 정렬해 냉장고에 붙을 수 있을 만큼 충분한 자기장을 생성한다.

처음에 물리학자들은 스핀이 지구의 자기장처럼 전자의 회전에서 비롯된다고 생각했다. 그러나 슈테른과 게를라흐의 실험은 스핀이 고전 물리학의 법칙으로는 설명할 수 없는 순수 양자적 속성임을 보여 준다.

자기 부상 열차

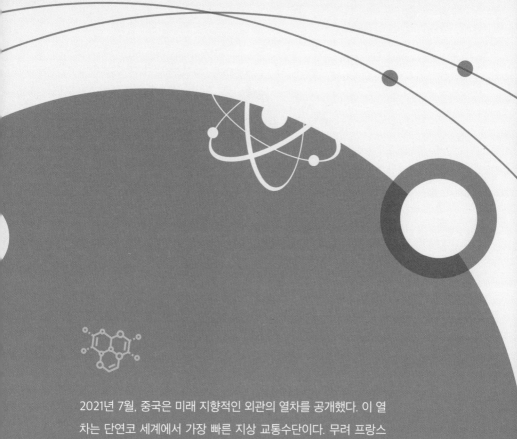

2021년 7월, 중국은 미래 지향적인 외관의 열차를 공개했다. 이 열차는 단연코 세계에서 가장 빠른 지상 교통수단이다. 무려 프랑스 TGV 속력의 두 배인 시속 600킬로미터를 초과할 수 있다! 이 열차의 비밀은 철도 위에서 공중으로 떠올라 마찰로부터 완전히 해방되는 것에 있다. 공상 과학 소설에서나 보던 일 아닌가!

이 기술적 위업은 '초전도성'이라는 아주 흥미로운 양자 효과와 관련되어 있다. 사실이라고 믿기 어려우리만큼, 이 효과는 눈이 잘 다져진 슬로프를 미끄러져 내려오는 스키 선수처럼 에너지 손실 없이 전류가 흐르게 한다. 큐비트부터 핵융합 원자로에 이르기까지 초전도 현상의 응용 분야는 이미 수없으며, 향후 몇 년 안에 더 빠르게 발전할 것으로 예상된다.

교환 가능한 개미들

작은 수수께끼로 시작해 보자.

페르디낭　　　　줄리　　　　　　페르디낭　　　　줄리

1미터 길이의 막대기가 있다. 개미 열 마리가 무작위로 막대기에 자리를 잡고 오른쪽 또는 왼쪽으로 이동하기 시작한다. 모두 직선으로 움직이고 속도는 분당 1미터로 동일하다. 개미들의 목표는 막대기의 한쪽 끝에 도달하여 땅으로 떨어지는 것이다. 한 가지 유의할 점이 있다. 이동하다가 마주친 개미들은 마치 서로 튕겨져 나가는 것처럼 그 즉시 반대로 방향을 돌려 이동한다(180쪽 그림 참조). 자, 여기서 문제를 내 보자. 과연 얼마의 시간이 흘러야 모든 개미들이 막대기에서 떨어질 수 있을까?

　책을 내려놓고 잠시 생각해 보자. 사소한 수수께끼는 곧 진짜 골 칫거리로 변한다. 아마도 당신은 개미 중 한 마리가 되어 길을 가로 막는 개미들과 끝없이 충돌하는 모습을 상상했을 것이다. 모든 충돌 과 방향의 변화를 간단한 계산으로 설명하기란 어려워 보인다.

　흔히 그렇듯, 문제가 제시한 조건에는 함정이 있다. 두 개미의 충 돌을 생각해 보자. 개미들이 마주쳤을 때 서로 튕겨 반대 방향으로 돌아간다는 말은 사실 두 개미가 서로를 지나쳐 각자의 길을 계속 간다는 말과 같다. 당신을 헷갈리게 하기 위해 붙여 놓은 개미들의 이름이 없었다면 두 가지 상황을 구분하기란 불가능했을지도 모른 다! 한 경우에는 이름이 바뀌고 다른 경우에는 이름이 바뀌지 않아 도 문제는 달라지지 않는다. 따라서 문제의 조건을 단순화해 모든 개미들이 서로의 움직임을 고려하지 않고 직선으로 계속 이동한다 고 생각해도 무방하다. 따라서 모든 개미가 땅에 떨어지기까지는 적 어도 1분 정도의 시간이 소요될 것이다.

　이 수수께끼의 핵심 개념은 **식별 불가능성**이다. 두 물체가 정확히 동일한 속성을 갖고 있으면, 둘의 위치를 교환해도 아무 영향이 없 다. 즉 아무도 알아채지 못한다. 단순해 보이는 이 개미 문제는 양자 물리학의 가장 심오한 개념 중 하나인 식별 불가능성을 이해할 수 있게 우리를 도와준다.

페르미온과 보손

진동수와 편광 등등 동일한 속성을 갖는 두 광자를 상상해 보자. 그들을 구별하는 유일한 방법은 위치이며, 두 광자를 은밀하게 교환해도 아무도 눈치채지 못한다. 마치 아무 일도 일어나지 않았다는 듯이! 이것은 시스템의 상태를 기술하는 수학적 개념인 파동 함수가 변하지 않는다는 것을 의미한다(4장 참조). 여기까지는 모든 것이 순조롭다. 상당히 직관적인 행동을 보이는 이 입자들을 **보손**이라고 부른다.

그러나 동일한 두 전자의 경우를 생각하면 상황은 복잡해진다. 두 전자가 교환될 때 이상한 일이 벌어지기 때문이다. 두 전자가 교환되면 파동 함수의 부호가 바뀐다. 교환 이전에 파동 함수가 2였다면, 교환 이후에는 −2가 되는 것이다. 우리는 이 경우를 **페르미온**이라고 말한다. 입자가 존재할 확률은 다행히도 파동 함수의 제곱 값으로 정해진다. 그런데 제곱 값은 부호의 변화에 영향을 받지 않는다. −2의 제곱 값은 4, 2의 제곱 값도 4이다. 안심이 되는가?

완전히 그렇지는 않다. 왠지 불안해 보이는 부호의 변화는 마치 자연이 입자의 이름을 알고 있는 것처럼, 우리가 입자를 교환했다는 것을 어떤 방식으로든 알고 있다고 말하는 듯하다. "나는 쉽게 속지 않아. 너희 페르디낭과 줄리의 위치를 바꿨구나!" 이러한 수학적 세부 사항에는 절대적으로 중요한 결과가 있다. 이것 없이는 원자가 존재할 수 없는 그 결과는 바로 1925년 오스트리아의 물리학자 볼

프강 파울리Wolfgang Pauli가 발표한 **배타 원리**다.

각각의 오비탈

1장에서 소개했던 아름다운 오비탈에 둘러싸인 원자를 상상해 보자[10]. 그리고 동일한 오비탈에 두 개의 동일한 전자를 배치하자. 두 전자는 동일한 파동 함수로 설명되기 때문에 식별할 수 없을 뿐만 아니라 동일한 장소에 '위치'한다. 이 경우 두 전자에 각각 이름을 부여하더라도, 두 전자가 같은 장소에 위치하기 때문에 그들을 교환하는 것은 아무 일도 하지 않는 것과 같다. 시스템은 교환 후에도 완전히 동일하므로 파동 함수는 원칙적으로 변하지 않아야 한다. 그런데 전자는 페르미온이므로 두 전자를 교환할 때 파동 함수의 부호가 바뀌어야 한다. 그러므로 명백한 모순에 직면하게 된다.

문제의 해결 방법은 다음과 같다. 완전히 동일한 두 전자는 동일한 오비탈에 위치할 수 없다. 두 전자가 공존할 수 있는 유일한 방법은 스핀으로 그것들을 구별하는 것이다. 전자는 반대 스핀을 갖는 전자와 기꺼이 오비탈을 공유한다(9장 참조). 그러나 동일한 스핀을 갖는 두 개의 전자가 접근하면 엄청난 반발력과 직면하게 된

---

[10] 오비탈은 핵 주변에 전자가 존재할 확률을 설명하는 파동 함수다.

다! 간단한 개미 이야기로부터 중요한 물리학 원리인 파울리의 배타 원리에 도달했다. 이 원리에 따르면 페르미온은 서로를 밀어낸다.

이 원리는 다음 질문의 답을 준다는 점에서 근본적이다. 물질은 대부분 진공으로 구성되어 있는데 어떻게 단단할 수 있을까(1장 참조)? 다시 말하자면, 테이블을 손바닥으로 내리칠 때 왜 손은 테이블을 통과하지 않을까? 파울리의 배타 원리는 이러한 질문에 답을 준다. 두 개의 전자는 동일한 상태에 있을 수 없기 때문에 각자 서로 다른 공간 영역을 차지하고, 그들의 오비탈은 서로를 밀어낸다. 테이블의 원자가 저항하며 당신의 손을 밀어낸 것도 양자 물리학의 근본적인 원리 때문이다.

별들의 시체

파울리의 배타 원리는 우주에서 가장 이색적인 물체 중 하나인 무거운 별들의 시체에서도 아름답게 설명된다. 이 별들은 연료를 모두 소진하고 나면 육중한 무게의 영향으로 스스로 붕괴한 후, 백색 왜성이라 불리는 고온·고밀도 상태의 작은 구를 형성한다. 티스푼 정도의 백색 왜성의 무게는 무려 1톤에 달한다!

이런 극한의 밀도 조건에서 물질은 페르미온 수프(전자, 양성자, 중성자가 혼합된 상태) 형태가 된다. 페르미온들은 서로 너무 가까워서 배타 원리에 따라 서로를 밀어내기만 한다. 배타 원리가 없다면 천체는 거대한 중력을 버티지 못하고 스스로 붕괴될 것이다. 이를 **축퇴 물질**이라고 한다. 100억 년 이내에 태양에게 닥칠 슬픈 운명이다!

결합의 힘

페르미온은 배타 원리 때문에 서로를 밀어내는 고독한 입자이다. 그렇다면 광자가 속한 또 다른 거대한 입자군인 보손은 어떨까?

정확히 반대다. 보손은 군집성을 갖는 입자여서 같은 상태에 있기를 좋아한다. 이러한 특성은 이미 레이저에서 확인됐다. 광자는 물고기 떼처럼 하나의 단위로 이동할 수 있다(3장 참조). 이러한 군집 안에서 광자의 개별성은 사라진다. 서로 다른 광자의 파동 함수가 결합하여 집합적 상태라고 하는 하나의 거대한 파동 함수를 형성한다. 이러한 **결합** 덕택에 레이저 빔은 장거리를 이동하면서도 세기를 유지할 수 있다.

또 다른 집합적 현상은 **초전도성**이다. 광자들이 결합하는 대신 전자가 결합하여 감쇠되지 않고 수백만 킬로미터를 이동할 수 있는 끊이지 않는 전류를 형성한다! 여기서 아마 놀라지 않을 수 없을 것이다. 전자는 서로 밀어내는 경향이 있는 페르미온이라고 방금 말하지 않았던가? 이 흥미로운 현상을 설명하려면 몇 쪽 정도가 더 필요하다.

2XL 사이즈의 양자

충분히 냉각시킨 보손 기체는 레이저의 광자들처럼 집합적 상태를 형성할 수 있다. 바로 **보스-아인슈타인 응축**이다. 1997년 처음 발견된 이 새로운 물질 상태는 마치 수프 같아서 가까이에서 보아도 개별 원자를 구별해 낼 수 없다.

이 상태는 물리학자들에게 특히 흥미롭다. 양자 세계를 우리 세계 규모 가까이로 끌고 와 이를 더 잘 이해할 수 있도록 돕기 때문이다. 가장 큰 응축물의 크기는 몇 밀리미터에 이른다. 또한 이들의 파동을 이용하여 자기장, 전기장, 중력장의 검출기로 사용할 수도 있다.

보스-아인슈타인 응축이 살인 병기로 등장하는 공상 과학 액션 영화 〈고스트 워〉(2016)는 할리우드에서 생각하는 양자 물리학의 이미지를 상당히 잘 표현하고 있다. 눈길을 끄는 이름을 가진 개념으로 가득한, 창작자가 원하는 대로 변형시켜 표현할 수 있는 애매모호한 과학 말이다.

군중 속을 헤쳐 나가기

전선은 원자핵에서 벗어나 전류를 전도할 수 있는 자유 전자를 가진 금속 원자들로 이루어져 있다. 다만 전기 전도는 완벽하지 않다. 전자들(187쪽 그림의 빨간색)은 경로를 따라 흩어져 있는 금속 원자의 핵(187쪽 그림의 파란색)과 충돌하는 경향이 있기 때문이다. 이러한 충돌로 인해 금속에서 열 형태로 전기 에너지가 흩뜨려지고 **전기 저항**

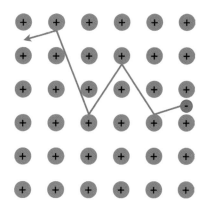

이 발생한다. 이것이 바로 토스터를 작동시키는 그 유명한 '줄 효과'다. 그러나 이 효과는 고전압 케이블에서 전기 손실을 야기하여 노트북의 프로세서를 가열하는 원인이기도 하다. 우리가 일반적으로 전기 저항을 최소화하려는 것도 이러한 이유에서다.

금속 중에는 저항이 더 큰 것들이 있다. 금은 저항이 현저하게 낮지만 매우 비싸기 때문에 전기 부품에서는 저렴한 구리를 선호한다. 금속의 저항은 온도에 따라 달라진다. 온도가 높을수록 원자핵은 더 많이 움직이고, 이에 따라 전자가 겪는 충돌도 증가해 저항도 증가한다. 행인들이 멈춰 있을 때보다 달리고 있을 때 기차역을 가로지르기가 더욱 어려운 것과 마찬가지다!

금속의 저항을 줄이기 위한 한 가지 방법은 가능한 한 금속의 온도를 낮추는 것이다. 예를 들어 금속을 섭씨 영하 269도의 액체 헬륨에 담그는 방법이 있다. 네덜란드 물리학자 헤이커 오네스Heike Onnes는 1911년에 수행한 실험에서 기대 이상의 결과를 거뒀다. 특정 온도 이하에서 금속의 전기 저항이 완전히 사라진 것이다!

이 현상을 이해하기 위해서는 몇십 년간의 추가 연구가 필요했으며, 그 설명은 우아하기 그지없다. 저온에서 전자는 쌍으로 결합하여 보손이 되는 경향이 있어서 레이저 빔의 광자 같은 '무리'를 형성할 수 있다는 것이다. 전하는 서로를 밀어내야 하는데 전자는 대체 어떻게 결합한단 말인가?

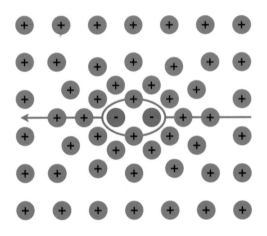

냉각된 금속 안에 있는 전자를 칸 영화제의 군중 사이를 헤쳐 나가는 배우(188쪽 그림에서 붉은색)라고 상상해 보자. 배우가 군중 속을 지나가면, 양전하를 띤 파란색의 원자핵으로 표현되는 팬들은 음전하 상태의 배우에게 다가가 그 주위로 양전하의 과밀 상태를 발생시킨다. 배우의 뒤를 따라 걷는 또 다른 음전하인 배우의 연인은 양전하 과밀 상태에 전기적으로 이끌리고, 결과적으로 배우에게 가까워진다. 군중 속에서도 배우와 연인은 1972년 노벨상 수상자의 이름을 딴 **쿠퍼쌍**을 형성하는 것이다(할리우드 배우 브래들리 쿠퍼와는 전혀 관계 없다). 쿠퍼쌍은 보손의 모든 속성을 가지며, 다른 쌍과 결합하여 저항 없이 군중 사이를 헤쳐 나갈 수 있다.

초전도체의 기적

강력한 자석을 만들기 위해서는 구리 선으로 된 코일에 전류가 흐르게 하면 된다. 전류가 강할수록 생성된 자기장은 강력해진다. 다만 일반적인 전선에서 전류의 세기는 금속의 전기 저항에 의해 제한된다.

이 장벽을 벗어나기 위해서는 초전도 코일을 이용하기만 하면 된다. 초전도 코일은 세른의 대형 강입자 충돌 장치와 국제 핵융합 실험로 프로젝트(1장 참조), MRI 촬영기(9장 참조)까지 이 책에서 언급된 많은 기술에 사용되는 거대한 자기장 생성을 가능하게 한다.

초전도 코일은 강한 전류를 담을 수 있을 뿐만 아니라 장시간 유지할 수 있다. 따라서 이론적으로는 한 도시에서 다른 도시로 에너지를 손실 없이 운반할 수 있다. 물론 수 킬로미터의 케이블을 섭씨 영하 269도로 냉각하는 일은 천문학적인 비용이 들뿐만 아니라 절약은커녕 더 많은 에너지를 소비한다. 그러나 케이블을 둥글게 감아서 에너지를 무한정 저장할 수 있는 슈퍼 냉동고에 넣을 수는 있다. 냉동고에서 다시 꺼낼 때까지 전류는 수년 동안 순환할 수 있다.

절대 영도에서 멀어지다

초전도성을 다룰 때 가장 문제가 되는 기술적 장애는 금속을 초저온 상태, 일반적으로 절대 영도에 근접한 온도로 유지해야 하는 필요성과 관련이 있다. 1980년대에는 액체 질소(영하 200도) 이상의 온도에서 초전도체가 될 수 있는 구리 산화물에 의해 중요한 발전이 이루어졌다. 이를 통해 오늘날 다양한 분야에서 초전도성을 사용할 수 있게 되었다.

진정한 성배는 상온에서 초전도 상태를 유지하는 금속을 확보하는 일일 것이다. 이 위업은 이미 비스무트 결정과 황 유도체로 달성되었지만, 지구 중심부에서의 압력에 해당하는 극한의 압력 조건에서 달성되었다. 적절한 압력에서 수행될 수 있는 새로운 금속을 발견하기 위해서 일부 학자들은 양자 시뮬레이터에 기대를 걸고 있다(7장 참조).

미래의 열차

초전도체의 기적은 아직 끝나지 않았다. 초전도체의 또 다른 특성은 초전도체 내부에 자기장이 침투할 수 없다는, **마이스너 효과**로 잘 알려진 현상이다. 초전도체 판은 마치 관통할 수 없는 방패와도 같다. 초전도체는 자석에 의해 생선된 자기장을 밀어냄으로써 반동을 일으켜 자석 위로 부상할 수 있다. 이러한 자기 부상은 안정적이라는 특징도 있다. 금속판은 마치 제자리에 멈춰 있는 것처럼 보인다.

9장에서 이미 비슷한 현상을 살펴보았다. 바로 개구리를 공중에 부상시킨 반자성이다. 물 분자도 자기장에 대항하는 이러한 능력이 있지만 그 정도는 훨씬 약하다. 개구리를 들어올리기 위해서는 냉장고 자석이 만들어 내는 자기장보다 수천 배는 강한 자기장이 필요하다.

초전도체의 경우, 이 정도 세기의 자기장은 열차처럼 거대한 물체를 띄우기에 충분하다. 자기력으로 부상하는 **자기 부상 열차** Maglev 의 원리이다. 철로와 열차의 바퀴를 강력한 초전도 자석으로 교체하는 것이다. 열차는 철로에 직접 닿지 않기 때문에 공기 마찰력만 받는다. 따라서 공기 역학은 자기 부상 열차의 미래를 결정하는 중요한 분야다.

1960년대부터 상상된 이 기술은 1979년 독일 함부르크에서 열린 국제 박람회에서 최초의 자기 부상 열차가 소개된 이후부터 전 세계의 이목을 끌었다. 2004년 상하이와 공항을 연결하는 평균 시속 245킬로미터의 트랜스래피드 Transrapid 개통을 시작으로, 마침내 자기 부상 기술은 상업적 목적으로 사용되기 시작했다. 비록 현재 자기 부상 열차는 일본과 한국과 중국의 일부 노선에서만 운행되지만, 전 세계 곳곳에서 수많은 자기 부상 프로젝트가 진행되고 있다.

개념 요약: 페르미온과 보손

페르미온과 보손은 근본적으로 다른 행동 유형을 갖는 두 종류의 입자이다. 페르미온의 원형은 전자로서, 동일한 상태에 있는 전자들과 마주치는 것을 거부하며 홀로 외로이 행동한다. 이 배타 원리는 원자의 공간이 비어 있는 이유를 설명한다.

보손은 광자로 묘사되며, 페르미온과 달리 군집으로 행동하고 동일한 상태에 모이는 것을 좋아한다. 보손의 이러한 특성은 전기 저항이 없는 초전도 금속에서 활용된다.

여행을 마치며

원자의 세계로 떠나는 여정을 마무리하며, 당신은 이제 책 서두의 인용문에서 폴 발레리가 당시 과학을 묘사하기 위해 언급했던 '신념에 바탕을 둔 행위'와 '불확실성'을 더 잘 이해하게 되었을 것이다. 양자 물리학이 갖는 혼란스러움을 숨기지 않은 것은 그러한 성격에도 불구하고 양자 물리학이 단지 상아탑 속 몇몇 학자들의 전유물이 아니라는 것을 보여 주기 위함이었고, 양자 물리학이 사용된 기술들을 구체적으로 설명하는 것이 더 중요했기 때문이다.

양자 물리학의 두 가지 측면은 특히나 받아들이기 어렵다. 첫째는 확률론적 측면이다. 양자 시스템의 속성은 본질적으로 무작위적이며 측정될 때까지 결정되지 않는다. 둘째는 인과적 측면이다. 양자 물리학에서 측정은, 양자 이론이 상황을 설명하는 것이 아니라 상황이 우리에게 어떻게 나타나는지를 설명하듯이 양자 시스템의 속성에 영향을 미친다.

따라서 양자 이론은 모호하고 주관적이며 우리 세계를 설명하기에 적합하지 않는다고 생각할 위험이 도사리고 있다. 우연이 양자 세계의 필수적인 구성 요소인 것은 사실이지만, 우연은 우리가 이해하고 예측하고 심지어 정복할 수도 있다. 마찬가지로 한 양자 시스템의 속성이 측정하는 방식에 따라 결정된다는 사실은, 측정이 다른 것과 마찬가지로 상호 작용이라는 것을 받아들이기만 한다면 궁극적으로 그렇게 놀라운 일이 아니다.

실제로 양자 이론은 오늘날 실험을 통해서 가장 잘 검증된 이론 중 하나다. 양자 물리학의 개척자들을 함정에 빠뜨리고 계속해서 과학자들을 분열시키는 논쟁들은 양자 물리학의 이론적 기초보다는 이론의 해석과 관련이 있다. 논쟁은 결국 현대 물리학과 직관 사이에 존재하는 깊은 간극에서 비롯된다. 그래서 이번 여행에서는 개방적인 사고에 초점을 두려 했다. 양자 이론을 이해하는 일은 무엇보다도 그 이론을 받아들이고, 규칙이 다른 세계에 몰입하는 데 동의하는 것이다.

반복되는 곤란은 양자 이론 고유의 규칙을 우리 세계를 바탕으로 이해하려는 시도에서 비롯된다. 이 때문에 우리 세계와 원자의 세계 사이에 장벽을 쌓는 결 깨짐 개념을 강조했다. 양자적 속성은 깨지기 쉽고, 최소한의 상호 작용으로도 파괴되며, 통제된 실험실 환경에서만 표현될 수 있다. 살아 있는 동시에 죽은 상태인 고양이도 더 이상 사이비 과학의 이야기가 아니다.

지난 20년 동안 발전해 온 양자 기술(컴퓨터, 시뮬레이터, 통신, 센서

등)과 관련된 모든 도전은 결 깨짐을 피하기 위해 부드러운 벨벳 장갑을 끼고 입자들을 개별적으로 조작하여 양자의 독특한 속성을 활용하는 것에서 비롯되었다. 이러한 전문적인 작업 덕분에 이제 원자 세계의 심장부로 여행을 떠날 수 있게 되었다.

용어 설명

- **간섭** : 한 파동이 다른 파동과 중첩할 때 진폭이 변하는 현상.
- **결 깨짐** : 양자적 속성이 상호 작용을 통해 약화되는 이유를 설명하는 원리.
- **광자** : 빛을 구성하는 기본 입자.
- **광전 효과** : 빛을 쬐인 금속에서 전류가 나타나는 현상.
- **배타 원리** : 동일한 두 개의 페르미온은 같은 양자 상태에 있을 수 없다는 원리로, 볼프강 파울리에 의해 정립되었다.
- **보손** : 같은 상태에 있으려는 경향을 가진 입자 유형.
- **불확정성 원리** : 한 입자의 위치와 속도 같은 특정 물리량 쌍을 동시에 정확히 알 수 없다는 원리로, 베르너 하이젠베르크가 정립하였다.
- **상보성** : 입자의 파동성과 입자적 성질을 동시에 관찰할 수 없다는 원리.

- **숨은 변수** : 확률에 의존하지 않고 양자 시스템 측정 결과를 설명하는 가상의 물리적 매개 변수.
- **슈뢰딩거 방정식** : 입자 파동 함수의 시간에 따른 진화를 설명하는 방정식.
- **스핀** : 전자 같은 특정한 입자들이 가지는 양자적 기원의 자기장.
- **양성자** : 중성자와 함께 원자의 핵을 구성하는 양전하 입자.
- **양자 얽힘** : 두 개의 양자 시스템이 결합하여 각각의 상태들 사이의 상호 의존성을 유도하는 현상.
- **영의 이중 슬릿** : 빛의 파동성을 입증한 핵심 실험.
- **원자 오비탈** : 원자핵에 속박된 전자의 파동 함수. 최대 두 개의 전자를 가질 수 있다.
- **유도 방출** : 한 원자에 도달했을 때 그 광자와 같은 진동수의 두 번째 광자가 같은 방향으로 방출되는 현상.
- **자발적 방출** : 원자가 무작위로 바닥상태로 전이되면서 광자가 방출되는 현상.
- **전자** : 원자핵을 둘러싸고 전류를 전도하는 기본 입자로, 음전하를 띤다.
- **중성자** : 양성자와 함께 원자의 핵을 구성하는 전하가 없는 입자.
- **중첩** : 측정이 이루어질 때 무작위로 상태가 선택되는, 상태가 결정되지 않은 양자 상태.
- **초전도성** : 매우 낮은 온도에서 특정 물질의 전기 저항이 사라지는 현상.

- **켤레 변수** : 하이젠베르크의 불확정성 원리에 따른 물리량 변수의 쌍.
- **코펜하겐 해석** : 현상을 설명하려 하지 않고 묘사하는 수단으로 양자 물리학을 이해하는 해석.
- **큐비트** : '0'과 '1'의 중첩에 있을 수 있는 양자 비트.
- **터널 효과** : 입자가 원칙적으로 통과할 수 없는 에너지 장벽을 통과하는 양자 현상.
- **파동 함수** : 공간의 각 위치에서 입자를 찾을 확률을 설명하는 양자 파동.
- **페르미온** : 같은 상태에 두 개의 입자가 있을 수 없는 입자 유형.
- **편광** : 전파 방향에 수직으로 나타낼 수 있는 전자기파의 특성.
- **회절** : 슬릿처럼 좁은 틈이나 장애물을 통과할 때 파동이 확산되는 현상.

감사의 말

세르주 데크로크, 세실 미테랑, 엘리너 해리스, 도라 실라그, 필리프 루트렐, 알랭 누벨, 베르나르 다스콜리의 사려 깊은 교정과 귀중한 조언에 무한한 감사를 표합니다.

참고 문헌

*한국어판이 있는 도서는 한국어(영문명)로, 영문판이 있는 프랑스 도서와 한국어판이 없는 영문 도서는 영어로, 한국어판 또는 영문판이 존재하지 않는 프랑스 도서는 프랑스어(가제)로 기재하였습니다.

일반 서적

- 나 없이는 존재하지 않는 세상(Helgoland), 카를로 로벨리, 2021
  양자 물리학의 관계론적 해석에 대한 흥미진진한 논의를 다룬 도서.

- La Physique selon Étienne Klein(가제: 에티엔 클랭이 들려주는 물리학),
  에티엔 클랭, 2021
  역사적 시각에서 바라본 현대 물리학을 명쾌하게 서술한 도서.

- The Science of Light, 세르주 아로슈, 2020
  2012년 노벨 물리학 수상자가 빛을 주제로 서술한 대중과학 도서.

- 수식 없이 술술 양자물리(La Quantique autrement), 쥘리앵 보브로프,
  2020
  방정식 없이 명확하고 독창적인 방식으로 양자 물리학을 완벽하게 설명하는 입문서.

- Mon Grand Mécano quantique(가제: 나의 위대한 양자 기계), 쥘리앵
  보브로프, 2019

양자 물리학의 토대가 되는 실험들을 관련된 모든 핵심 개념과 일화를 소개하며 해석하는 도서.

- **퀀텀**(Quantix), 로랑 셰페르, 2019
  복잡한 개념에 겁먹지 않고 만화로 쉽게 이해하는 양자 물리학.

- **퀀텀 유니버스**(The quantum universe), 브라이언 콕스, 제프 포셔, 2013
  양자 물리학과 양자론을 누구나 이해할 수 있는 설명으로 표준모형을 깊이 있게 소개하는 도서.

- Dance of the Photons: From Einstein to Quantum Teleportation, 안톤 차일링거, 2010
  양자 정보과학의 선구자가 꽤 세세하게 집필한 대중 과학 도서.

- **파인만의 물리학 강의**, 리처드 파인먼, 1963
  리처드 파인먼이 1961년부터 1963년까지 캘리포니아 공과대학에서 진행한 강의를 정리한 책으로 현대 물리학의 모든 분야를 총 망라한 학부생 대상의 도서.

유튜브 채널

- Science Étonnante
  (양자 물리학을 비롯해) 물리학의 여러 분야를 열정적으로 다루는 최고의 대중 과학 채널. 2022년 노벨 물리학상을 수상한 알랭 아스페 교수와의 인터뷰 영상도 게시되어 있다.

- ScienceClic
  물리학의 기술적인 개념들을 아주 명쾌하게 설명해주는 채널.

- 영화 〈스타워즈〉와 〈슈퍼맨〉 속 물리학을 설명하는 롤랑 르우크(Roland Lehoucq) 교수의 강의 영상들.

- QICS Sorbonne
  소르본대학 박사 과정생들이 개설한 양자 정보 과학 전문 채널.

- 영어권 채널에는 콘텐츠가 알찬 **Veritasium, Minute Physics**, 간략한 요약 영상이 많은 **Kurzgesagt**가 있다. 기발한 실험을 좋아한다면 **The Action Lab**도 추천한다. 물리학 공부에 열정이 넘친다면 **PBS Space Time**에서 다루는 까다로운 주제의 영상들도 볼 만하다.

게임

- **A Slower Speed of Light**
  MIT에서 개발한 프리웨어 비디오 게임. 빛의 속도가 2배, 100배, 1000배 느려질 때 변하는 세상의 모습을 보여 준다.

- OptiQraft
  소르본대학에서 개발한 온라인 게임. 양자 정보를 광자로 처리하는 데 유용한 개념, 특히 얽힘 현상에 친숙해질 수 있도록 도와준다. 다음 주소에서 자유롭게 접속할 수 있다. https://tatawanda.itch.io/optiqraft

찾아보기

처음 떠나는 양자역학 여행

초판 인쇄 | 2024년 8월 10일
초판 발행 | 2024년 8월 15일

지은이 | 스태판 다스콜리·아드리앙 부스칼
옮긴이 | 손윤지
펴낸이 | 조승식
펴낸곳 | 도서출판 북스힐
등록 | 1998년 7월 28일 제22-457호
주소 | 서울시 강북구 한천로 153길 17
전화 | 02-994-0071
팩스 | 02-994-0073
인스타그램 | @bookshill_official
블로그 | blog.naver.com/booksgogo
이메일 | bookshill@bookshill.com

ISBN 979-11-5971-599-0
정가 17,000원